歐式麵包的下個世代

The Next Generation Of European Bread

武子靖 · 著

處處經典，開啟麵包創意的慧根

我曾扮演把一個從不知而知、不想做而做的人帶入烘焙產業的這樣一個角色。

2006年第36屆「全國技能競賽」比賽場中認識了武子靖，當他以第一名獲得代表台灣參加第39屆為國際技能的國手時，到中華穀類食品工業技術研究所做國手培訓，啟動了我們的結緣，經過一年的互動與努力，2007年帶他到日本靜岡參加第39屆「國際技能競賽」在驚奇中獲得銀牌，更加深了我們的互動。在培訓過程，他的領悟力及勤奮不懈的學習精神，加上堅持執著的態度，才造就他走出校門沒有幾年就能擁有高超的專業能力。他的比賽作品，常從創意、研發到最終產品都要經過好幾個月、上百次的試作才能定案，如參加國際技能競賽的「台灣農人地瓜可頌」就是這樣產生的。

2008年我帶領台灣麵包代表隊第一次參加在巴黎舉行世界盃比賽，他一路自願擔任助手，在強隊圍繞的高張度比賽之下，結果台灣跌破眾人眼鏡獲得銀牌之時，更增強他學習歐式麵包、參加國際職業組比賽的意念，後來參加2009年HOFEX香港國際美食大獎賽及2011年Mondial du Pain 世界麵包大賽的得獎，就是他努力的成果。雖然開店不在他人生規畫中的事，但是2010年9月與學弟王鵬傑合資開的「莎士比亞烘焙坊」麵包店，生產又是高雄地區極少販售佔比超過一半的歐式麵包，在外人看起來是一種冒險，就是他的膽識與對歐式麵包的自信，才會創新突圍經營成功。

多年來看到他在比賽、在追求新素材開發新產品，更沒想到他還隨時搜集歐式麵包資料，也把他對麵包的人生哲學整理記錄下來，彙整成書探討歐式麵包的下個世代，也建立他的新見解。把「歐式麵包」定義為「在歐洲看得到的麵包」，麵包在歐洲是主食，在冰箱尚未被發明的時代，麵包也要能禁得起至少一週的存放時間，所以就得在麵包內添加足夠的酸麵種，尺寸也要做得夠大，有的甚至超過2公斤，足夠每餐食用。

受到2008年世界盃比賽得獎影響，台灣越來越多麵包師傅開始關注各種大小賽事，特別是那些比賽產品，外型亮眼吸睛、造型獨特也極具創意，大家開始追求麵包的華麗外觀，但也逐漸忽略了「麵包是食物」。他不否認一開始他也走進了「用眼睛吃麵包」的胡同，沒有體會到食物與舌頭、口腔間的親密關係，但當他第一次到巴黎逛麵包店時，品嘗大多數麵包店不華麗卻好吃時，領悟到身為一個麵包師傅，除了好吃是基礎，製作麵包的出發點必須有著自我意識，一個好的麵包師傅，首要任務應該是做出「好吃的麵包」。更體會麵包店之所以存在，必須要具備兩大要素：第一麵包店的麵包要做的比自己做的還好吃；第二麵包店必須帶來一定程度的便利。

本書是子靖本著學習麵包的精神和態度，以個人多年來踏入烘焙的經驗和認知，從基礎到變化，到成為麵包師傅至今的階段性總整理。從歐式麵包的認知開始，進入歐式麵包的烘焙基礎，介紹材料、製程、發酵系統及歐式麵包機器等，到收錄超過40種歐式麵包實作技法，處處都是經典。希望透過這本書帶給喜好麵包的人可以真正享受歐式麵包的美味，同時開啟麵包師父、麵包選手在歐式麵包創意的慧根。

中華穀類食品工業技術研究所 副所長　施坤河

勇於逐夢 終生學習

國立高雄餐旅大學一直以培育餐旅優質人才為目標，在國際化與本土化連結共存的根基上，提升學生的國際視野與競爭力。隨著觀光餐旅業近年來的蓬勃發展，越來越多年輕人投入這個就業市場，用嶄新的思維與行銷手法，開啟台灣觀光餐旅業的文創風潮，也讓大眾見識到年輕人的軟實力。子靖對烘焙的專業與熱情，對創業的勇氣與堅持，就是最佳寫照，足為學弟妹的榜樣。

記得子靖在校期間就很有想法，設定目標後逐夢踏實。累積國內外各項比賽的經驗，在學校的實習廚房內，不斷反覆磨練精進專業技術。大學四年，先後榮獲全國技能競賽第一名、國際技能競賽亞軍，以及香港國際美食大獎賽團體特別金牌獎等，替自己贏得肯定，也讓學校備感光耀。

難能可貴的是，子靖就讀研究所期間，即與大學部學弟王鵬傑學以致用，開設「莎士比亞烘焙坊」，在高雄頗受好評。店內業務蒸蒸日上之餘，仍抱持回饋母校的感恩之心，除了定期回校指導交流之外，更積極提供產學合作的機會，並贊助烘焙管理系學生獎助學金，如此用心在在令師長們欣慰感動。

新著《歐式麵包的下個世代‧極致風味的理論與實務》一書中，子靖以「歐式麵包在台灣的未來發展」做為主軸，在健康、美味的基石上展現廚師的生活哲學，從「匠」到「藝」的昇華實踐。我一直強調「全球在地化」是台灣餐旅觀光產業的未來發展趨勢，以國際水準的技術，運用本土在地的食材，讓全世界看見台灣，進而行銷台灣。在書中，子靖所分享的出國比賽作品，皆特意選用深具代表性的台灣農產品，就是全球在地化的最好例子。他的用心，讓我們看到台灣烘焙業的無限前景。

在此以母校校長的身分，勉勵子靖持續在專業上追求進步，也期待專業人士們藉由這一本著作，能得到不同的觀點與思維，一齊幫助台灣的烘焙產業有更好的品質與發展。在本書即將付梓之際，樂為之序。

國立高雄餐旅大學校長　容繼業

麵包，是用來吃的

法國為了保留並發揚自古傳承的麵包文化，巴黎市及巴黎商工會議所合作，從1995年開始，每年三到五月之間於法國舉辦一年一度的法國長棍麵包大獎（ Grand Prix de la Meilleure Baguette ）。透過競賽選出當年最佳的法國長棍麵包，冠軍可獲得4000歐元的獎金，並享有提供法國總統府一年分法國長棍麵包的殊榮。

我曾經在巴黎的旅途中，循著某幾年的巴黎第一名法國麵包指南，前往那些店家朝聖，但到了其中一間店看到麵包時，我很訝異，這得到全巴黎第一名的法國麵包，怎麼做的這麼醜，根本就是不合格的麵包啊！

與法國的麵包師傅聊起這件事，他們對我說：麵包是食物，你得放進嘴裡才能斷定好或不好！這對我而言，是一個很大的領悟。

我們往往忘了麵包不是用眼睛吃的，時常以目測的方式來評論麵包的好壞，但對法國人而言，麵包是食物，而吃的東西就是要進到嘴裡才能決勝負，因為食物是拿來愉悅味覺和嗅覺，不是拿來看的。

在追求美味的過程中，必須先考量到食物和鼻腔、口腔的親密關係。東西入口前該有怎樣誘人的香氣？進到嘴裡，第一個接觸的表面會有什麼樣的味道？咀嚼過程中的味道和口感怎麼變化？嚥下後留在鼻腔齒縫間的餘韻又多讓人回味…。這一切的一切，才是真正能讓人因為感官的愉悅，而擁有享受、舒服的飲食體驗。

所以，當我想以歐式麵包為主軸，探討未來歐式麵包會在我們生活中，呈現怎樣的狀態時，我自然以感官的體驗和享受為出發點，來安排這本書裡所有的配方與做法：使用了許多不同形態的老麵、預發酵系統、不同麵糰的攪拌、發酵與整形，以及不同材料的複雜搭配…。

這一切，都只是為了做出好吃的麵包，如此而已。

Contents

餡料

Appendix 附錄

Chapter _01.

歐式麵包
的認知

關於麵包

我永遠都忘不了，第一次在法國巴黎吃到Poilâne普瓦蘭的Miche麵包，那味道深度帶來的衝擊與震撼，「麵包怎能有如此迷人的風味！」讓我至今仍念念不忘，也是身為麵包工作者的我，不斷追求的目標。

雖然台灣人的飲食習慣，仍以米飯和麵條為主要澱粉攝取來源，但麵包也逐漸攻占了我們的餐桌，麵包應該是生活的一部分，而非有著距離感的外來品。因此這本書以歐式麵包主軸，從傳統面到創新面，都完整傳達歐式麵包的概念。

至今還是有很多人以為皮很硬、不好咬、放一段時間會變很乾的麵包，就是歐式麵包；也常聽人說，外型很大的麵包，就是歐式麵包；更有消費者認為，店內空間裝潢帶有西方風格的麵包店，賣的肯定就是歐式麵包……。

究竟，
「歐式麵包」該如何定義？

我個人拙劣的認為，「歐式」的「歐」指的是歐洲，因此字面上的意思是歐洲式的麵包，所以我大膽的以個人經驗和認知，將「歐式麵包」定義為「在歐洲看得到的麵包」。

也就是說，不只法國麵包、裸麥麵包，或是加入許多堅果穀物的雜糧麵包，連含有大量奶油的可頌麵包（Coissant），甚至是布里歐麵包（Brioche）這類成分高、奶油味濃郁的麵包，也都屬歐式麵包的範疇。換言之，歐洲人每天所吃的麵包並非只有硬式的棍子（Baguette）和鄉村（Campagne），可頌麵包及巧克力可頌（Pain au chocolat），幾乎是每天都會出現在早餐桌上，搭配咖啡一起食用的必需品。我也曾在里昂吃過布里歐與鵝肝、柳橙醬汁組合而成的晚餐前菜，這就是麵包完整存在於生活中的最佳體現。

所以，有人能說可頌麵包不是歐式麵包嗎？

麵包在歐洲

一直以來，麵包在歐洲是主食，家家戶戶每天都食用
麵包，麵包在歐洲人生活中扮演的角色，就好比華人
對米飯的需求與情感。早期歐洲並非每個家庭都有石
窯，所以就得到鎮上或村子裡所建的石窯去烤麵包，
各家還要排出每個星期可以烤麵包的時段，也因此，
家庭主婦每一次必須製作出足夠一家人一星期要食用
的分量。在那冰箱尚未被發明的時代，麵包也要能禁
得起至少一週的存放時間，所以就得在麵包內添加足
夠的酸麵種，尺寸也要做得夠大，有的甚至超過2公
斤，等排到烤麵包的時段，就一次烤上2、3個大麵包
帶回家，足夠每餐食用，這就是鄉村麵包之所以帶著
酸味，體積又大的緣故。

順帶一提，磨得比較精製的白麵粉，在以前是有錢人才
買得起的。一般家庭做麵包大多添加較便宜的全麥粉或
裸麥粉，所以直到現在，鄉村麵包配方中，也能保有加
入部分裸麥粉或全麥粉的習慣。

麵包店的由來

我曾經跟前輩聊出一段關於麵包店由來的有趣假設。當
時家家戶戶都製作自家食用的麵包，但可能某天，A突
然發現隔壁B媽媽做的麵包比自己做的好吃，於是開始
用其他食物交換B媽媽的麵包。後來對面鄰居C也發現B
媽媽的麵包比較好吃，他們家也決定不自己做麵包了，
改向B媽媽購買麵包，接著有越來越多家庭認為B媽媽的
麵包最好吃，大家便紛紛開始向B媽媽買麵包，於是麵
包店就這麼誕生了⋯⋯。

藉由這個麵包店由來的可能性，我想重點其實是放在麵
包店之所以存在，必須要具備兩大要素：第一，麵包店
的麵包要做的比自己做的還好吃，第二，麵包店必須帶
來一定程度的便利性。

／買了普瓦蘭麵包店的MICHE麵包

麵包的藝術

這個時代的麵包師傅，並非只是生產麵包的「匠」，麵包師傅有著「師」字輩的地位，就應該將製作麵包視為一門藝術，把自己定義為藝術創作者，而創作出來的東西則是能滿足味蕾與心靈的藝術品。

不過，食物究竟能否成為藝術呢？

一直以來這是不斷被拿來辯論的議題，國內外甚至有許多學者為了這個議題發表無數篇論文筆戰，大部分藝術背景出身的學者教授們認為，無法經歷時間考驗的東西就不算藝術品，因此蒙娜麗莎的微笑保存至今500多年，是藝術品的經典；食物被吃完後即不存在，當然稱不上藝術。

但若拿藝術或美學教科書來考究，藝術品的基本要素之一，是要能打動人心、能感動世人，哪怕只有一瞬間，能喚起人生記憶中的某個時段，勾起靈魂深處的某個感動時分，片刻都能成為永恆。

還記得電影《料理鼠王》最後的橋段嗎？權威美食評論家Anton Ego將普羅旺斯燉雜菜送入口中，場景瞬間回到了小時候媽媽做那道菜給他吃的時刻，對於媽媽的記憶瞬間被喚醒，也因此受到感動，平凡無奇的燉雜菜此時就成了藝術品，就像Mojito之於Hemingway、Vesper之於James Bond、Madeleine之於Proust一樣，這些時刻都成了永恆，一直流傳著。

所以，麵包，可以是藝術，毫無疑問！

麵包師傅追求的目標

從2008年台灣麵包代表隊在世界盃（Coupe du monde de la Boulangerie）麵包比賽中獲得第二名開始，台灣越來越多麵包師傅開始關注各種大小賽事，特別是那些比賽產品，外型亮眼吸睛、造型獨特也極具創意，大家開始追求麵包的華麗外觀，但也逐漸忽略了「麵包是食物，它最終會進到你我的嘴巴」。

因此，這些年來我領悟到，一個好的麵包師傅，首要任務應該是做出「好吃的麵包」。

自大學積極參加各項麵包比賽，一開始也走進了「用眼睛吃麵包」的胡同，沒有體會到食物與舌頭、口腔間的親密關係，所以當我第一次到了巴黎逛麵包店時，對於巴黎大多數麵包店，一點都不在意麵包的外形，甚至近乎醜陋而感到十分驚訝。但當我帶著懷疑，甚至猶豫的心情咬下那0.8歐元的棍子時，除了恍然大悟之外，醍醐灌頂可說是最貼切的形容。

原來，麵包美好的滋味，是要用嘴巴來感覺。

所以，製作麵包著重的先後順序，應該是先講求味道與口感上的舒服，其次才是外觀上的美感。

配方揭露

這本書從基礎觀念、麵粉與器具認識到實作技法教學，收錄超過40種歐式麵包，由簡至繁，從基礎到變化，是踏入烘焙、成為麵包師傅至今的階段性總整理。

比賽

● 國際技能競賽

初次參加比賽，是2006年由行政院勞工委員會主辦的「全國技能競賽」。年齡在22歲以下的青少年即可報名，比賽內容則是需要在4天內完成歐式麵包、甜麵包、藝術麵包這三大項目。每隔兩年，會從全國技能競賽中選出代表台灣參加「國際技能競賽」的國手。

從1950年開始，在五大洲不同國家，由各國組成的委員會輪流舉辦的國際技能競賽，有點類似青少年的技職奧運，同樣限制22歲以下青年參加，到2013年為止，已經舉辦了42屆。

2006年，我在就讀大學三年級時得到第36屆全國技能競賽第一名，同時獲選為隔年國際技能競賽的國手，在中華穀類研究所培訓半年後，同年底代表台灣參加第39屆國際技能競賽，得到第二名的成績。

本書可頌類麵包中的「台灣農人地瓜可頌」，以及硬式麵包中的「全麥核桃」，正是2007年我參加國際技能競賽的參賽作品。

● **HOFEX 香港國際美食大獎賽**

2009年，我和大學學弟王鵬傑（後來一同創立莎士比亞
烘焙坊）、張原賓組隊報名「HOFEX香港國際美食大獎
賽」。該賽事需由三位選手組隊參加，共同完成歐式麵
包、甜麵包、藝術麵包這三個項目。

因為沒有限制選手的製作範圍，因此當時我們是以工作
站的方式區分負責內容，一人負責攪拌、一人負責煮餡
料、兩人負責整形，最後三個人共同製作藝術麵包。最
終我們得到麵包組的金牌，並獲得由現場賽事所有金牌
隊伍中選出的「Best of the best團體超級金牌獎」，成為
了這個比賽有史以來最年輕的得主。

本書硬式麵包類中的「蜂蜜芝麻榛子」與「66%裸麥的
重裸麥麵包」，就是2009年香港國際美食大獎賽的參賽
作品。

／2009香港國際美食大獎比賽的藝
術麵包作品「京劇藝術」

／受法國麵包大使協會邀請，於
2012年EUROPAIN巴黎烘焙展現場
進行示範

● Mondial du Pain 世界麵包大賽

2011年，在自行創業開店後的一年，代表台灣參加在
法國里昂舉辦的「Mondial du Pain 世界麵包大賽」，這
項比賽是由法國麵包大使協會Ambassadeurs du Pain舉
辦。由一位麵包師傅與一位22歲以下的助手組成代表
隊，在一天8小時內做出歐式麵包、甜麵包、藝術麵包
等項目，這個比賽的評分特別著重在味道的表現和麵包
的營養。

我和20歲的王子健（高雄餐旅大學學弟，也是莎士比亞
烘焙坊實習生），代表台灣參加第3屆Mondial du Pain，
並獲得了甜麵包項目的特別獎。該年回國後獲高雄市長
頒發「高雄之光」獎座。

本書中的「蜂巢麵包」、「鄉村麵包」、「戀愛的玫瑰
與紅酒洋梨」、「焦糖榛果可頌」、「艷陽之下香草
鳳梨」，以及「巴黎午後的咖啡檸檬」，皆是2011年
Mondial du Pain的參賽作品。

／2011年MONDIAL DU PAIN世界麵包
大賽比賽作品

／2011年MONDIAL DU PAIN世界麵包
大賽比賽現場

創業

● 不在人生規劃中的創業

2010年3月的某個晚上，研究所二年級下學期剛開學，我在高雄餐旅大學教育研究所的研究室埋頭打報告，大學時期的學弟王鵬傑敲了我研究室的門，說有個很酷的想法要找我討論，我以為又有比賽可以組隊報名，沒想到他問我：「你覺得，我們合資開一間麵包店怎麼樣？」

我從來沒想過這個問題。

讀大學時，常遇到許多人問我，以後是不是要自己開店，我一律回答「開店不在我人生規畫當中」，但阿鵬的提議，我只想了一晚，隔天就對他說：「好，我們開店吧！」

或許是因為知道開店是每個麵包師傅的終極目標，也或許希望趁著年輕還有面對挑戰與失敗的本錢，又或許是

因為業界許多師傅，不這麼認同把參加比賽當成目標的學生，因此，創業背後真正想要證明的，是我們在參加了比賽後，也同時能在業界的競爭與現實中存活。

決定跟阿鵬一起創業開店後，還是學生的我們真實的開始了創業歷程。找老師詢問創業流程後，著手設立公司、設定目標消費客群、分析尋找開店地點、設計產品與配方、決定販售方式、規格化生產流程、設備廠商詢價及議價、確認原物料的來源與進貨、進行產品試做與員工訓練、招募與組織團隊，最後與設計師溝通討論與施工，即便人手極度吃緊，還是有著具規劃的工作分配。

於是，2010年9月，「莎士比亞烘焙坊」就在高雄市苓雅區文化中心商圈外圍的光華路與青年路交叉口誕生。對24歲的我們而言，創業開店是夢想的實踐。我們從沒想過要用這間麵包店賺大錢，只是架構出理想中麵包店的樣貌，販售好吃的麵包。

● 在逆境中產生堅持的信念

當時南部仍以柔軟的甜麵包為主流，高雄地區極少販售佔比超過一半歐式麵包的麵包店。開店之初，幾乎沒有人看好莎士比亞烘焙坊，認為我們什麼都不懂，這樣開店根本是亂搞，應該撐不過2個月就經營不下去了。即便沒有人支持與認同，我還是下定決心，暗自訂下目標：三年之後，當遊客問到高雄哪間麵包店有道地純正的歐式麵包時，高雄人一定會想到莎士比亞！

這股信念，成了我們一路堅持著走到現在的動力。

開店前，我們選定店內的主力商品，是我在2008年創作出的一款添加蜂蜜與大量老麵的麵包，將它命名為「蜂巢麵包」。由於開店前幾周，很幸運的有媒體報導，消費者開始認識了莎士比亞烘焙坊，而蜂巢麵包成為暢銷商品，消費者還為了等待蜂巢麵包出爐而排隊，這樣的場景出乎意料的維持了一年多才緩和下來，著實令我們驚訝萬分。

「年輕的本錢，是有比別人更多失敗的籌碼」，這是我對創業所做的結論。如果當時沒有突如其來的衝動，或許我一輩子都不會創業開麵包店；另一方面，我不希望未來的我，會後悔現在的我沒有去做想做的事。

縱使失敗了，也不覺得惋惜，畢竟，人生就只有這麼一次。

／莎士比亞烘焙坊　　／莎士比亞烘焙坊招牌

● 自我意識是個性麵包店的價值

身處在這個時代的台灣麵包師傅，其實非常幸福。

從2008年世界盃台灣首次得獎開始，烘焙業不斷蓬勃發展，國內各大專院校及高職廣設餐飲科系，這幾年來麵包店越開越多，食品進口商也積極邀請國外師傅來台舉辦講習活動。

身為一個麵包師傅，除了好吃是基礎，製作麵包的出發點必須有著自我意識，麵包要能表達某些信念或傳遞某種訊息。尤其是個性麵包店，因屬於社區型的商業型態，更能拉近與人之間的互動，產品必須帶有理念，並且從傳統、創新、在地、實驗精神、家庭這幾個面向，作為創作麵包的出發點，也成為麵包店的精神。

Chapter _02.

欧式麵包
的烘焙基礎

歐式麵包材料

1. Grands Moulins de Paris T55
2. Campaillette des Champs T65
3. 日清裸麥全粒粉細挽
4. 日清全麥細粉
5. 日清純裸麥粉
6. 日清全麥粗粉
7. 昭和霓虹高粉
8. 日清百合花法國粉
9. 日清TERROIR PUR法國小麥粉

麵粉 Flour

● 小麥粉 Wheat flour

小麥粉中含有麥穀蛋白、醇溶蛋白、澱粉與糖等醣類以及酵素，透過攪拌，麥穀蛋白和醇溶蛋白吸收水分會形成麵筋，麵筋就成為麵包麵糰的主要架構，可以包覆氣體，讓麵糰得以膨脹。酵母發酵時需要糖，但硬式麵包幾乎不添加糖，因此麵粉中的酵素（澱粉酶），會將澱粉分解為能提供酵母養分的醣類，以進行發酵作用。

麥穀蛋白和醇溶蛋白必須在小麥磨成粉的情況下才能與水結合，進而形成麵筋，但是顆粒狀態下，則不能有效的利用這些蛋白質；小麥所含的澱粉無法被人體直接吸收，因此必須經過澱粉酶所產生的分解作用，將澱粉分解成麥芽糖及葡萄糖這類的小分子，才有辦法被腸道吸收。

上述澱粉酶與蛋白酶存在於麵粉當中，一般而言，灰份含量越高，酵素的含量也就越高，而小麥粉的等級越低（研磨較多小麥部位，灰份高），酵素活性也越強，在水解作用中，蛋白酶能分解蛋白質，產生胺基酸，結合未分解完的醣類，可有效促進梅納反應（Maillard），產生麵包表皮的迷人焦香氣味

● 裸麥 Rye

裸麥的學名為Secale cereale，又稱為黑麥。裸麥麵粉中缺乏麥穀蛋白，且含有半纖維素，無法構成支持一定體積框架的麵筋，在攪拌和烤焙過程中，半纖維素會和水起非常大的水合作用，具有相當的黏性，因此裸麥麵包與小麥粉製作的麵包相比，顏色較深、體積較小、組織較緊實、較沒有氣泡。裸麥除了礦物質與維生素含量較小麥高，賴氨酸與半纖維素也極具營養價值。

● 美國麵粉的分類

台灣早期製作麵包的技術是從中華穀類研究所開始，當時穀類研究所在美國小麥協會的協助下成立，成為培育台灣麵包師傅的搖籃。台灣麵粉廠磨製麵粉的系統，也承襲了美國小麥協會帶來的體系，依照麵粉中的蛋白質含量來做區分，就是大家所熟悉的高筋、中筋、低筋。蛋白質的分界大約是9.5%及12%，9.5%以下為低筋麵粉、12%以上為高筋麵粉，界在9.5%～12%之間屬於中筋麵粉，另外蛋白質含量在13.5%以上的，則是特高筋麵粉（這樣的百分比範圍會因麵粉廠不同而有些差異）。美式體系的麵粉分類法則，比較像是依照麵粉用途做區分，高筋用於麵包，中筋用於饅頭麵條，低筋用於蛋糕點心，不過近幾年消費者對於麵包品質追求和接受度的改變，讓硬式麵包麵粉的使用開始被注重。

● 歐洲麵粉的分類

麵包在歐洲是澱粉攝取的主要來源，因此歐洲人對於麵粉營養成分較為注重，故歐洲麵粉的分類以灰份含量區分。灰份指的是麵粉當中所含的礦物質，小麥在研磨時，去除了外表皮及麩皮後，胚珠層和糊粉層（礦物質含量高）與胚乳（礦物質含量較低、蛋白質含量高，通常是磨製麵粉的最大部分）一同研磨而成的麵粉，所含的灰份較多，營養成分也較高，有點像是糙米飯，而一粒麥子當中營養含量最高的部位是胚芽，但胚芽所含的油脂成分很高，一起研磨成麵粉容易產生油耗酸敗，所以通常胚芽不會磨進麵粉當中，只有全麥粉（整粒麥子研磨）才會將胚芽一起磨，但保存期限則會受限在約三個月左右。

	法國	義大利	德國	瑞士
小麥麵粉 （灰份越高,數值越大）	Type 45	00	Type 405	Type 400
	Type 55	0	Type 550	Type 550
	Type 65	1	Type 1050	Type 1100
	Type 85		Type 1600	Type 1900
裸麥麵粉 （灰份越高,數值越大）	Type 70		Type 815	Type 720
	Type 120		Type 997	Type 1100
	Type 150		Type 1150	Type 1900
	Type 170		Type 1740	

上方表格當中，是歐洲四個不同國家的麵粉區分方法，但依照不同國家各麵粉廠對於磨粉習慣的不同，存在著些許差異。以法國分類方式來說，通常我們買到的麵粉包裝寫著T65，就是表中的Type 65，指的是灰份含量約在0.60%～0.70%之間，而Type 85則有點接近全麥粉，每間麵粉廠所磨出來的T65，蛋白質含量也都不同。有趣的是，以法國浪漫民族做事情的隨興程度，加上對於專業至上的認知，許多法國麵粉廠認為麵包師傅的技術要有辦法應付各種性質的麵粉，所以每次磨出來的麵粉，灰份和蛋白質都可能有差異，同樣是磨T55，有可能這批磨出來灰份高達0.62%，麵粉廠索性換上T65的標籤出貨，麵包師傅就得依照這批麵粉的灰份及蛋白質含量再調整配方，這樣的麵粉到了台灣，則讓台灣的麵包師傅很不習慣。

T45所代表的是灰份含量低於0.5%的麵粉，麵粉較為潔白。此種麵粉只能代表灰份含量低，雖然灰份低吸水性相對較佳，但不能因為灰份含量低就將之視為高筋麵粉，蛋白質含量必須另外看，也有可能蛋白質含量同樣很低，換句話說，T65麵粉也有蛋白質含量高達12.5%的。上述分類以小麥粉和裸麥粉來舉例，還有許多麵粉種類可以應用在製作麵包上，像製作義大利麵的杜蘭小麥，或是斯貝爾特古麥等等。

本書使用麵粉

法國粉

昭和CDC法國麵包專用粉
CDC All Purpose Flour
クードシャンス
規格：25kg
原產地：日本
蛋白質11.3% 灰分0.42%
特徵：麵團的延展性、烤焙彈性及操作性均佳，可使穀物自然的香味得以呈現，成品表皮薄脆、斷口性佳，咀嚼後回甘是其特色。

強力粉

昭和先鋒特高筋粉
Pioneer High Gluten Flour
パイオニヤ
規格：25K
原產地：日本
蛋白質14.0% 灰分0.42%
特徵：蛋白質含量高，麵筋的延展性好，麵團的烤焙彈性好、體積較大，可展現較好的風味。

強力粉

昭和特級霓虹
HI-Neon Bread Flour
ハイネオン
規格：25kg
原產地：日本
蛋白質11.7% 灰分0.35%
特徵：昭和產業最高品質的麵包用粉，成品質感細緻、入口即溶，非常適合用於製作吐司及餐包。

昭和霓虹-吐司專用粉
Neon Bread Flour
ネオン
規格：25kg
原產地：日本
蛋白質11.9% 灰分0.38%
特徵：蛋白質性質良好的高級麵包用粉，成品組織細緻、顏色良好、化口性佳，適用於吐司及甜麵包。

強力粉

日清山茶花(特)強力粉
Super Camellia Bread Flour
スーパーカメリヤ(特)強力粉
規格：25kg
原產地：日本
蛋白質11.5% 灰分0.33%
特徵：日清小麥粉當中灰分最低(最白)的其中一款，成品組織細緻、化口性佳，可以完全展現出副材料的風味。

強力粉

日清山茶花強力粉
Camellia Bread Flour
カメリヤ
規格：25kg
原產地：日本
蛋白質11.8% 灰分0.37%
特徵：日清最具代表性的麵包用粉，用途廣泛、機械耐性良好，適合大型工廠生產，常用於帶蓋吐司、餐包及甜麵包，成品帶有淡淡的奶香。

法國粉

日清PUR法國小麥法國粉
Terroir Pur French Wheat All Purpose Flour
テロワール ピュール
規格：25kg
原產地：日本
蛋白質9.5% 灰分0.53%
特徵：嚴選法國北部小麥、加上獨家製粉技術，香味芳醇深厚，適合製作長時間發酵的品項，成品口感溼潤、組織擁有良好的延展性。

強力粉

日清SK特高筋粉
Super King High Gluten Flour
スーパーキング(特)強力粉
規格：25kg
原產地：日本
蛋白質13.8% 灰分0.42%
特徵：適用於強調風味的麵包，蛋白質含量較高，麵筋的延展性好，易於呈現出份量感也是其特色。

薄力粉

日清紫羅蘭薄力粉
Violet Cake Flour
バイオレット
規格：25kg
原產地：日本
蛋白質7.1% 灰分0.33%
特徵：日清最具代表性的菓子用粉，口感輕、化口性佳，適用於海綿蛋糕、燒菓子、餅乾類及和菓子。

法國粉

日清百合花法國粉
LYS D'OR All Purpose Flour
リスドオル
規格：25kg
原產地：日本
蛋白質10.7% 灰分0.45
特徵：重視小麥風味及香味的法國麵包專用粉，尤其經過長時間發酵後，更可表現出風味的豐富性。

強力粉

日清傳奇強力粉
Legendaire High Gluten Flour
レジャンデール強力粉
規格：25kg
原產地：日本
蛋白質12.2% 灰分0.60%
特徵：擁有較高的灰分，使小麥所具有的營養素、味道及香氣能忠實呈現，可製成味道樸實的麵包。

裸麥粉

日清裸麥全粒粉細挽
Whole Wheat Rye Flour (Fine)
アーレファイン(細挽)
規格：20kg
原產地：日本
蛋白質8.4% 灰分1.50%
特徵：德國產的深色裸麥全粒粉，可製作出烤焙彈性好、柔軟並帶有淡淡酸味的裸麥麵包。

全麥粉

日清全麥細粉
Whole Wheat Flour (Fine)
グラハムブレットフラワー
規格：25kg
原產地：日本
蛋白質13.5% 灰分1.50%
特徵：由整顆的硬質小麥磨製而成的細顆粒全麥麵粉，含有較高的纖維質、礦物質及維他命，不用前置處理即可直接攪拌，做出具有個性化的全麥麵包。建議添加比例：20%～50%。

T65冠軍比賽專用粉
Campaillette des Champs T65
規格：25kg
原產地：法國
蛋白質10.6-11.6% 灰分0.62-0.75%
特徵：呈淡棕色，麵包烤後呈柔和淡棕色，麵包有強烈老麵風味。

T55冠軍比賽專用粉
Grands Moulins de Paris T55
規格：25kg
原產地：法國
蛋白質10.1% 灰分0.5-0.6%
特徵：製作外脆內層質軟歐式麵包最佳選擇，來自不留失的研磨胚乳，具較高的營養成份。

水 Water

水是形成麵糰最基本的材料之一，麥穀蛋白和醇溶蛋白在吸水之後，才能形成麵筋，而麵包所使用的材料，都需要藉由水來溶解，進一步均勻的分散在麵糰當中。酵母發酵所需的糖，以及蛋白質分解後的胺基酸，都是在水的水解作用下，靠著分解酵素所形成的物質。

水中含有各種礦物質與微量元素，含量的多寡能將水的硬度作出區分，其中以鈣和鎂的影響較大，鈣與鎂含量高可以讓麵筋強度增強，但過多的鈣鎂會讓麵糰緊實不易操作。一般來說，製作麵包時選擇40~120ppm的中程度硬水較容易操作，軟水會形成濕黏度較高的麵糰，硬水會使麵筋過緊、麵糰太硬容易斷裂，表皮口感也會過於尖銳。

麵糰中的含水量越高，麵糰越柔軟，但太柔軟的麵糰相對不易攪拌及整形操作，水量過多也會降低麵筋的強度，影響烤焙彈性與口感。不過有些產品會刻意添加較多的水量創造出獨特口感，在某些特殊情況下，麵糰加入較多水分反而能製作出具有特色的產品。而水量少的麵糰較硬，麵筋較為緊實，適合短時間的攪拌。水分添加越多，麵筋越軟，因此能支撐發酵產氣的麵筋結構較弱，若麵糰水量高，則發酵時間就要縮短；相對的，較硬的麵糰麵筋強度足夠，能長時間支撐氣體，因此可以給予麵糰較長的發酵時間。

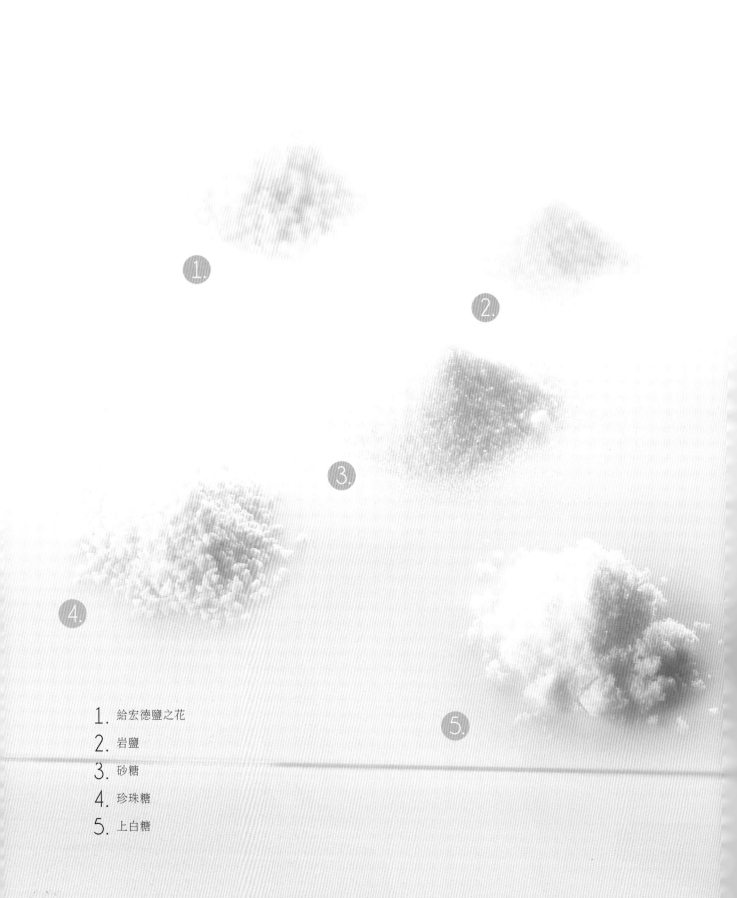

1. 給宏德鹽之花
2. 岩鹽
3. 砂糖
4. 珍珠糖
5. 上白糖

鹽 Salt

鹽在麵包製作上的作用，以增加麵糰風味以及強化麵筋為主要目的。鹽的主要成分為99.5%的氯化鈉，以及微量的硫酸鈣、氯化鎂與硫酸鈉。常見的鹽有精鹽、海鹽、岩鹽、碘鹽，碘鹽和部分精鹽會添加碘和硒，或是其他微量元素，以改善人體對於這些微量元素的攝取不足。

鈣可以調節水的硬度，鎂則可以收縮麵筋，加了鹽的麵糰麵筋強度會因此增加，變得更為緊實，另外，鹽也有助於抑制酸化細菌的蛋白質消化作用，添加在酸麵糰中，能幫助維持麵筋的結構。

而在增添風味上，鹽是麵包最基礎的調味料。岩鹽和海鹽鹹味較精鹽來的溫醇柔和，具有回甘滋味，岩鹽的礦物質含量較高，而海鹽具有微量藻類和其他物質，會帶有些微特殊香氣，在齒頰中回甘，口感也較沒有負擔；精鹽則帶有較重的鈉味，鹹味口感較強烈，使用量必須特別注意，以免麵包過於死鹹。

糖 Sugar

影響麵包風味的最大因素，除了鹽外，最重要的就是砂糖。砂糖也是最普遍添加在麵糰當中增加甜味的材料，目前亞洲地區使用的糖大多是用甘蔗精製作成的蔗糖，歐洲地區常見以甜菜為原料精製成的甜菜糖，口感較清爽、甜度較蔗糖低約20%，但兩種糖在使用上幾乎可以說是一樣的產品。砂糖在麵糰中能有效的成為酵母的營養來源，透過發酵過程，糖被分解成二氧化碳和酒精，二氧化碳能增加麵糰體積，酒精則能軟化麵筋，因此砂糖可看作能使麵糰柔軟的材料。

砂糖可以增加麵包甜味、提高營養價值、延緩麵包老化，高溫之下，砂糖本身產生的焦化反應，以及砂糖結合蛋白質產生的梅納反應，都能讓麵包產生吸引人的金黃咖啡色澤，同時增加麵包的風味和香氣。

糖在麵糰中，由於轉化酶的作用，將糖快速分解成果糖和葡萄糖。果糖的保濕性很強，可以延遲麵包的老化。此外，糖量多的麵包烤焙時容易上色，必須縮短烤焙時間，同時保留住更多的水分。

雖然添加砂糖有許多優點，但若添加量過多也會造成麵糰麵筋過於柔軟、降低膨脹度，過多砂糖和水結合會形成高滲透壓的液態環境，容易破壞酵母細胞，減弱發酵作用。

珍珠糖則是製糖過程中，將糖塊粉碎、過篩，或是以壓製方式製作成的粗糖粒，具有較高的硬度，烤焙時也較不易溶化，適合灑在麵糰表面一起烤，除了增添風味之外，也可當成麵包的裝飾，台灣市售的進口珍珠糖大多從比利時進口，由甜菜製成。

> 本書使用鹽
> 岩鹽（礦鹽）、法國Fleur de Sel Guérande給宏德鹽之花。
>
> 本書使用糖
> 台糖細砂糖、日本和田製糖上白糖、比利時珍珠糖。

酵母 Yeast

酵母泛指能發酵醣類的各種單細胞真菌，不同的酵母菌在進化和分類地位上有異源性。酵母菌的種類很多，目前已知有一千多種酵母，大部分被分類到子囊菌門，一些酵母菌能夠透過出芽方式進行無性生殖，也可通過形成孢子的方式進行有性生殖。

酵母廣泛生活在潮濕且富含糖分的物體表面，像是果皮表層或植物表面。酵母菌無法直接利用澱粉等多糖物質，因此在麵糰發酵過程中必須經由酵素的糖化才能進行發酵作用。發酵時酵母會進行缺氧呼吸作用，當中透過糖酵解作用將葡萄糖轉化成丙酮酸，丙酮酸經脫碳作用脫去碳原子，形成乙醛，同時釋出二氧化碳，乙醛在被糖酵解作用產生的羥胺還原酶還原成乙醇（酒精）並產生能量。

製作麵包所使用的酵母為釀酒酵母（Saccharomyces cerevisiae），此種酵母菌繁殖的最佳溫度為27~30度，而酵母產氣最大量的溫度介在32~37度，目前市售酵母約有三種：

● 新鮮酵母 Fresh yeast

採新鮮的酵母細胞壓縮製作成濕潤的塊狀，直接取自發酵槽，酵母細胞是活的，比其他形式的酵母能製造更多氣體，耐凍性較好，細胞較不容易被冰晶所破壞，適合用來製作可頌麵糰這類需要放置冷凍環境的麵糰，其酵母細胞也能承受含糖量高的麵糰，細胞較不會被高濃度糖水的滲透壓作用所破壞。

● 活性乾酵母 Dry yeast

從發酵槽取出，經乾燥而成的顆粒狀酵母，顆粒外層包覆的是酵母殘骸形成的殼，這種酵母菌處在休眠狀態，使用前必須以溫水浸泡溶解，待酵母恢復活性後才能加入麵糰中使用，操作起來較為麻煩，目前台灣很少使用這種酵母。

● 即溶酵母 Instant yeast

為目前台灣普遍使用的酵母，比活性乾酵母以更快的乾燥速度製作而成，外型是帶細孔的小桿狀，所以吸水速度較乾酵母快，使用前也不必先泡水預發，直接加入麵糰當中即可，二氧化碳生成效能也超過乾酵母。即溶酵母還能進一步區分成低糖酵母和高糖酵母。低糖酵母指的是適合用在低糖或無糖麵糰的酵母，此酵母的麥芽糖酶和轉化酶的活性高，養分來源主要是澱粉中的糖分，而非額外添加的砂糖，且酵母細胞脆弱，耐糖及耐凍性皆差，容易被高濃度液體經滲透壓破壞細胞壁，也無法承受冷凍冰晶的水分子膨脹造成細胞破損；高糖酵母可解釋成耐糖酵母，適合用在糖量高的麵糰，酵母所含轉化酶的活性低，水分含量少，具有較高耐滲透壓的特性。

酵母是麵包的靈魂，麵包經過良好的發酵才能形成好的風味、組織、口感，發酵過程產生的有機酸（乳酸、醋酸等），是軟化麵筋的關鍵，能讓麵包口感變得柔軟；發酵產生的二氧化碳，充滿了麵筋的組織，讓麵糰充氣膨脹，創造出蓬鬆口感；而發酵產生的脂化物和酒精，是麵包芳醇迷人香氣的來源。

天然酵母則是利用控制微生物生長環境的方式，將大自然附著在果實或穀物種子表皮的微量酵母菌純化出來，廣義說起來，酵母都是天然的，但現今大眾對於天然酵母的定義，則排除了上述三種大規模生產的酵母種類，也就是商業酵母，不過那只是純化出來的菌種不同，培養方式較具商業規模罷了，基本上商業酵母仍然是「天然」的。

本書使用酵母
台灣永誠工業白玫瑰新鮮酵母、法國燕子牌即溶酵母粉（SAF）即溶酵母。金色為耐糖酵母，紅色為低糖酵母，另外微量使用的酵母改良劑同樣是SAF公司所產的BBA，以及天然酵母即用種LV1。

蛋 Egg

雞蛋除了賦予麵包不同風味之外，也能讓麵包內部呈現
漂亮的鵝黃色及光澤。蛋黃中的卵磷脂可以促進水與油
脂的乳化，卵磷脂可以將麵糰中的油脂與游離狀態的水
結合成微小分子擴散，成為介入油脂分子層當中的媒
介。而在烘烤麵包時，澱粉糊化過後會釋出澱粉粒當中
的直鏈澱粉，直鏈澱粉與蛋黃中的卵磷脂反應，產生一
種膠質，在烤好的麵包澱粉粒子周圍附著，形成澱粉粒
子的保護層，這樣的狀態有助於防止澱粉粒子的老化。
因此，蛋黃不只能讓麵糰更加柔軟，還能延緩麵包老
化，當然，添加雞蛋也能大大的提升麵包的營養價值。

乳製品 Dairy

目前乳製品被當作麵包副材料的原因，包含強化營養、增加香氣與風味、增強發酵耐性、改變酵母發酵力、增加烘烤顏色、延緩老化及緊實麵筋等，但從缺點來看，乳製品會延長攪拌時間、延遲發酵，還會減少麵糰體積。使用不同乳製品製作出來的麵包差異很大，必須充分思考後選擇適合的乳製品使用。

麵包製作所使用到的乳製品大致有牛奶、奶粉、乳酪、優格、鮮奶油等。

● 牛奶 Milk

牛奶富含大量的營養，從乳牛身上擠出來的生乳，必須經過殺菌處理才能成為原料，且不能添加生乳以外的其他物質，當然也不能隨意添加水。牛奶含有酪蛋白、乳清蛋白、乳球蛋白三種蛋白質，另外還有3%以上脂肪，以及8%以上的非脂肪乳固形物。

牛奶含有大量構成脂肪的脂肪酸、揮發性脂肪酸、低級飽和脂肪酸，粒子極為細小，又以乳化狀態存在，因此相當容易被人體消化吸收，此外也含有大量的脂溶性維他命A、E和B2等。而牛奶中的醣類幾乎都是乳糖（Lactose），透過乳糖酶分解成半乳糖和葡萄糖，由於麵糰中並沒有乳糖分解酵素，半乳糖和葡萄糖會殘留在麵糰當中，因此添加牛奶或乳製品的麵包，較容易上色也帶有特殊的甜味。

● 奶粉 Milk powder

奶粉分為將牛奶直接濃縮、乾燥製成的全脂奶粉，或是將生產奶油時剩餘的牛奶乾燥製成的脫脂奶粉。全脂奶粉使用時，加入約10倍的水，就可以還原成接近原本牛奶的狀態；而脫脂奶粉因保存性佳、產量較多，比較常使用在麵包的製作上。添加奶粉製作麵包，能讓表皮顏色與光澤更明顯，除了提升麵包的香氣味道外，奶粉含有豐富營養價值，也具有良好保濕性，可延緩麵包老化。

● 乳酪 Cheese

乳酪通常較少直接攪散均勻在麵糰中，大多使用乳酪的方式都是在整形或攪拌完成時，再將乳酪拌入或包入麵糰當中。依照各個國家、地區的不同，乳酪的種類和製作方式都有差異，光是乳酪種類就超過500種，使用在麵包製作時，需要注意乳酪的性質，新鮮乳酪、白紋乳酪、藍紋乳酪、洗皮乳酪、半硬質乳酪、硬質熟成乾酪等等的烤焙性質皆不相同，除了加熱過的質地不同影響口感之外，最重要的還是乳酪味道和麵包的搭配是否合宜。

● 優格 Yogurt

在麵包中加入優格，是為了讓麵包帶有特殊的酸味。優格含有大量的蛋白質、礦物質、維他命，其中蛋白質因為乳酸菌的作用產生分解，使得人體容易消化吸收。

本書使用乳製品
奧地利Woerle的快樂牛乳酪、丹麥Arla的Buko奶油乳酪、義大利Zanetti的Padano起司。

油脂 Fat

麵包中添加油脂最大的作用是作為麵糰的潤滑劑，麵糰加入油脂能讓麵包皮和麵包體薄而柔軟、氣孔細緻均一帶有光澤、防止水分蒸發、延緩老化、提高營養價值、提高麵糰機械耐性、使麵糰容易操作等。

當油脂進入到麵糰中之後，油脂會填充麵筋的縫隙，可以強化麵筋的氣體包覆性、增加麵糰延展性。但要注意，油脂比例高的麵糰，必須在麵筋結構和強度攪拌充足了之後，才能將油脂加入，否則油脂進到麵糰將麵筋切斷。尚未形成鏈狀結構的麵筋無法順利依序排列，這樣的組織很難保有水分，因此麵包出爐後老化乾燥的較快，唯一例外是使用低溫長時間發酵方式，用麵筋的長時間熟成來彌補。

添加油脂的另外一項重要原因，是增添麵包的風味和香氣，以及改善麵包口感，油脂添加越多，就越能創造出柔軟的口感，有些更近似蛋糕般的綿密組織。不同的油脂能讓麵包散發不同香氣，製作麵包的常用油脂大概有奶油、橄欖油、白油、起酥油、豬油。

奶油 Butter

奶油是從牛奶分離出來的乳狀脂肪，透過攪拌集結成塊狀油脂，是所有油脂當中風味最好的一種，添加奶油的麵包會散發出誘人的香味，帶有豐潤的味道。選擇好的奶油要注意溶點越低越好，溶點低代表良好的化口性，進入口中的口感滑順，溶解的快，且不會在上顎留下油膩感，嚥下後鼻腔會留下一絲淡雅的乳香，能持續一小段時間。

奶油的種類有很多，法國的奶油分類將奶油大致分為：生奶油（Le beurre cru ou crème crue）、細奶油（Les beurres fin et extra-fin）、乳製奶油（Le beurre laitier）、淡奶油（Le beurre allégé）、含鹽奶油（Le beurre salé）等。而法國產的奶油大多為發酵奶油，製作方式是由牛奶製成的鮮奶油，加入乳酸菌，經過十幾個小時的熟成後，才經由乳油分離製作成為奶油，這種發酵奶油的風味比起未經發酵的奶油更好，除了乳酸香氣外，還帶有些許臻果的味道，口感則無比輕盈。

法國有兩大奶油產區：夏朗德（Charentes）和諾曼第（Normandie），其中夏朗德產區有著許多頂級A.O.P.（產地管制標籤認證）奶油產地，包含了聖瓦宏（Saint-Varent）、艾許（Échiré）、藍絲可（Lescure, 也就是Surgères）等。

本書所使用的奶油為夏朗德產區的藍絲可奶油，其特色為清新淡雅的乳香，乳酸發酵時間超過24小時，有著持久的氣味餘韻，口感滑順綿密，在舌尖溶化的速度極快，絲毫不會造成口感上的負擔。藍絲可奶油除了有之前的法國A.O.C.產地管制命名，及現在的歐盟A.O.P.產地命名產品之外，還多了夏朗德-普瓦圖（Charentes-Poitou）P.O.D.法國中西部濱海區的產區認證，且對於使用的牛奶乳源特別重視，藍絲可奶油所使用的乳牛品種為娟珊牛（Jersey cattle）、更賽牛（gurensey cattle）、荷士登牛（Holstein cattle）、諾曼第乳牛（Normande cattle）四種，其牛乳特色以高乳脂及高蛋白質聞名，在法國甜點大師Pierre Hermé的著作Le Larousse des desserts中，將藍絲可與艾許等奶油評定為頂級品。

橄欖油 Olive oil

提到橄欖油立刻聯想到義大利料理，在麵包製作上，許多義大利麵包會添加橄欖油在麵糰內攪拌，例如佛卡夏（Focaccia）、拖鞋麵包（Ciabatta），也有將橄欖油塗抹在出爐後的麵包上，增加橄欖油的香氣與風味。一般而言，攪拌麵糰所使用的橄欖油並不會選擇頂級品使用，原因是橄欖油烘烤完成後，頂級品的風味並不會特別明顯，使用一般等級的橄欖油也能達到相同效果。

白油 Shortening

白油是以食用油脂為原料製作的固狀或流狀物質，並賦予可塑性和乳化性等加工特性，通常是油廠將油脂加工脫臭後，再給予不同程度之氫化，成為無色無味的礦物油，是製作白吐司常見的油脂。白油不含水分，且無法當作抹醬直接食用。白油的種類多，分類方式也很多樣，根據原材料的種類，分為植物性白油、動物性白油、動植物混合型白油；根據製作方法，則分為混合型白油和全水添加型白油。就品質而言，白油的可塑範圍相當廣泛，可為產品帶來酥脆的層次感，同時又具有包覆空氣的絕佳乳脂性。

起酥油 Margarine

起酥油和白油類似，是食品工業專用的油脂。起酥油的製作是用氫化過的植物油或動物油製作而成，過程中會再添加調味劑與香料，根據油的來源可分為動物或植物起酥油、部分氫化或全氫化起酥油、乳化或非乳化起酥油；根據用途和功能可分為麵包用、糕點用、糖霜用或是煎炸用起酥油；根據物理型態可分為塑性、流體狀和粉末狀（就是所謂的粉末油脂）起酥油。

起酥油雖然有著良好的加工特性，能使產品具酥脆口感，但卻有著較多的脂肪酸以及許多的添加劑（乳化劑、消泡劑、色素、調味劑和香料等），氫化過的植物油為反式脂肪，對人體健康有負面影響，因此現代的烘焙店家越來越少使用起酥油。雖然起酥油成本較天然奶油低許多，但隨著消費者對於食品安全與健康的重視，捨棄起酥油選用天然油脂是目前趨勢，也是這個時代的麵包師傅應該要負起的責任。

豬油 Lard

豬油是早期麵包店製作麵包常添佳使用的油脂，相較於白油和起酥油，豬油欠缺穩定性、不易長期保存、結晶顆粒較粗、乳化性也比較低，豬油的硬度還會隨著季節的不同而改變。豬油的分類有兩種，為純製豬油和調整豬油。純製豬油是使用百分之百精製豬油急速冷卻後，製成的固態油脂；調整豬油是以精製豬油為主要原料，混入其他精製油脂後，急速冷卻製成的固態油脂。

豬油帶有獨特的動物油脂氣味，早期常見於吐司配方中，有的麵包師傅為了降低豬油在麵糰中出現的特殊氣味，會額外添加少許檸檬汁來降低油脂氣味。

本書使用油脂
橄欖油為一般市售的Extra Virgin Olive Oil。本書各產品未將鮮奶油直接加入麵糰中攪拌，製作餡料部分所使用的鮮奶油為日本中澤鮮奶油。

1. 龍眼蜜
2. 紅柴蜜
3. 柳丁蜜
4. 百花蜜
5. 蒲姜蜜

蜂蜜 Honey

人類食用蜂蜜的時間，可推至一萬年前，蜂蜜是人類除了母乳與果實之外，最早接觸到的甜味來源，直到16世紀製糖開始普及後，人們才廣泛開始使用砂糖來替代蜂蜜。

蜂蜜是蜜蜂採集花蜜而來，花朵產花蜜的主要目的，就是吸引傳粉昆蟲和鳥類幫忙傳粉授精。蜜蜂採集花蜜的過程，會先將管口器伸入花朵採集甜汁，花蜜經過蜜蜂的食道進入密囊，並儲存在囊內，蜜蜂將之攜回蜂巢後，會將花蜜濃縮到足以抑制細菌和黴菌滋長的程度：工蜂把花蜜吸入吐出，在口器下方形成細小微滴，反覆進行15~20分鐘，水分漸漸蒸發，花蜜的含水量下降至40~50%，接著蜜蜂會將花蜜儲放在蜂巢內，並藉由工蜂不斷搧動膜翅，讓空氣流通，花蜜的水分會持續蒸散，最後含水量會下降到20%以下。這個過程就是花蜜的熟成，為時三個星期左右。

蜂蜜由兩種單糖類的果糖和葡萄糖所構成（因已由蜜蜂唾液中的酵素分解），比砂糖更快被人體直接吸收。蜂蜜的含糖量很高，還有一些胺基酸和蛋白質，在花蜜熟成其間會牽涉到酵素的作用，能氧化葡萄糖，形成葡萄醣酸和幾種過氧化物。葡萄糖酸能讓蜂蜜的pH值下降，不利於微生物生存、過氧化物具有抗菌防腐作用，因此蜂蜜被稱為天然的防腐劑，在法老王金字塔中的墓穴，曾出現以大型蜂蜜罐儲存的食物，千年後仍然沒有腐壞。

蜂蜜的吸濕性高於砂糖，因此麵包中加入蜂蜜，保水效果比加糖還好，水分蒸散到空氣中的速度較慢，甚至若空氣中的濕氣較重，還能從空氣中吸水。另外，蜂蜜中含抗氧化性酚類化合物，因此添加蜂蜜，產品變味的速度較慢，香氣能維持較長的時間。而蜂蜜中含糖，可加速褐變反應，讓麵包外皮增加更多迷人香氣及色澤。

目前全世界大約有300種「單一花種」的花蜜，其中以柑橘、栗子、蕎麥、薰衣草等蜂蜜的滋味最特殊，其他大多蜂蜜為混合型花蜜，台灣常見的百花蜜就是。有些蜂蜜的顏色特別深，主因是花蜜中的蛋白質含量較高，能和糖類反應，產生深色色素和濃郁的烘烤香氣。

台灣最有名的單一花蜜非「龍眼蜜」莫屬。龍眼樹遍布全台灣各地，以台南、高雄、彰化、嘉義較為集中，花季約在每年二至五月間，也就是龍眼蜜的採收季節，其中高雄大崗山地區的龍眼蜂蜜以品質極佳聞名。龍眼蜜也屬於略帶琥珀色的蜂蜜，要判斷蜂蜜是否被不肖店家混入果糖糖漿，只需將蜂蜜加水（或是不加水）搖晃，蜂蜜會因含有較高的蛋白質而產生許多白色泡沫，這些泡沫能持續幾分鐘不破裂，若是加了糖漿稀釋的蜂蜜，泡沫無法維持，甚至不會產生泡沫。在台灣能購買到的蜂蜜種類除了大宗的龍眼蜜之外，尚有柳丁蜜、荔枝蜜、厚皮香蜜（紅柴蜜）、蒲姜蜜、咸豐草蜜，以及文旦蜜等。

在蜂蜜搭配麵糰的選擇，會依照麵包最終質地不同，讓不同蜂蜜的特色以不同方式呈現。口感較厚實粗曠的硬式麵包，會搭配顏色較深、口感較沉、味道濃厚特殊的蜂蜜；口感細緻柔軟的吐司和甜麵包類，選擇顏色偏金黃、香氣淡雅、口感較輕盈的蜂蜜。因此可以看到本書中以龍眼蜜和蒲姜蜜製作的硬式麵包，以及厚皮香蜜和柳丁蜜製作的吐司與潘娜朵妮。

本書使用蜂蜜
龍眼蜜、百花蜜、厚皮香蜜、薰衣草蜜、柳丁蜜以及蒲姜蜜。

1. 糖漬檸檬皮丁
2. 蔓越莓乾
3. 糖漬柚子皮丁
4. 野生小藍莓乾
5. 葡萄乾
6. 白葡萄乾
7. 無花果乾
8. 糖漬柳橙皮丁

9. 榛果粒
10. 核桃碎
11. 杏仁豆
12. 黑芝麻
13. 黃金亞麻子
14. 白芝麻

堅果 Nuts

堅果（核桃、杏仁、臻果等等）含有大量油脂，加入麵糰除了創造不同口感外，還能大大提升麵包的營養價值，但也因為油脂含量高，像核桃這樣的堅果很容易產生油耗味，在保存堅果時需要特別小心環境溫度，冰箱的低溫環境是理想的存放地點，別讓堅果放在溫度過高的地方。較注重堅果保存的店家，會在堅果進貨到店後，直接置於冷藏甚至冷凍冰箱保存。

而堅果使用的前處理，大多以預烤較常見，以核桃為例，若將生核桃直接加入麵糰中，烘烤完成的麵包無法散發出濃郁的核桃香氣，因此在使用前先將核桃烤出香氣，呈現淡咖啡色的狀態，能讓核桃發揮較大的堅果香味。

不同堅果具有不同的特殊氣味，有些品質好的堅果還帶有些微花香，麵包師傅使用堅果，也能依照不同比例的搭配，創造出具有層次的風味。

水果乾 Dried fruit

水果大部分都富含水分，若新鮮水果直接加入麵糰中攪拌，容易出水造成麵糰過度濕軟，無法順利攪拌成糰，有些水果中的酵素也會影響麵糰的發酵和麵筋的形成，因此麵包製作上較常以水果乾的形式使用水果。

水果乾依照烘乾程度的不同可以區分為自然乾燥（日曬）、低溫冷風乾燥、熱風烘乾這幾種，含水量不同則形成乾燥水果乾、半乾燥水果乾以及濕潤水果乾等不同類型的果乾。目前常見的水果乾大多以莓果類、桃類等為大宗，當然有許多師傅會照著產品需求請加工廠或自行製作各種水果乾，台灣常見的還有芒果乾、龍眼乾等。

通常乾燥水果乾在使用前，會以不同形式稍微增加水果乾的水分，以免讓口感過於乾硬，比如葡萄乾使用前會泡酒，不同的酒能賦予葡萄乾各種風味，有些師傅喜好蘭姆酒、琴酒、或是紅酒，甚至加入中國白酒搭配

等，創造出的風味各有特色。有時水果乾的前處理並非泡酒，像杏桃乾或蔓越莓的使用，有的師傅只用蒸氣蒸過，也有的師傅用熱水燙過後泡入香草糖漿入味。各種作法都可以照著成品的需求來處理，不過主要目的都是增加水果乾的濕潤度。

本書使用水果乾
深色葡萄乾是以葡萄乾重量15%的紅酒，浸泡24小時以上；白葡萄乾以重量15%的白葡萄酒，浸泡24小時以上；蔓越莓以重量15%的蜂蜜水（蜂蜜2：水1的比例），浸泡24小時以上；野生小藍莓乾則不需前處理，直接使用。
糖漬水果類使用日本梅原糖漬柳橙皮丁、梅原糖漬檸檬皮丁、梅原糖漬柚子皮丁。

酒 Alcohal

製作麵包所使用的酒類，皆以調味為主要目的。使用酒的方式是加入麵糰中攪拌、加入餡料熬煮（或熬煮後才加入）、浸泡水果乾、加入蜜漬水果中、製成酒糖液塗抹等。

酒的使用種類會以酒的濃度和材料來區分。由葡萄釀成的紅酒與白酒，較常大量加入麵糰中攪拌，或是直接當成醃漬水果的主要液體，不同的葡萄品種釀製的葡萄酒也帶有著不同的風味及香氣。根據經驗，無論是加入麵糰或醃漬水果的紅酒，以Cabernet Sauvignon的效果最好。Cabernet是相當具代表性的品種，有著黑莓、櫻桃、醋栗、香芹、煙燻等味道，丹寧與酸度都是中間標準值偏高一些，所以酒香不會因為加熱而失去濃郁氣息，顏色也不容易被稀釋掉而呈現灰白感。另外，選擇新世界國家的紅酒，酒體較有奔放的特質，製作烘焙產品較能表現出品種特色；舊世界國家的酒體較為深層，不易表現出品種特色，尤其舊世界國加許多酒莊等級高，紅酒價格昂貴，拿來製作烘焙產品則有些可惜。（好的紅酒還是直接品嘗吧！）

白酒的選擇，我個人最喜愛Gewurztraminer這個白葡萄品種。Gewurztraminer具有明顯的荔枝、玫瑰、白桃、蜂蜜等香氣，是味道辨識度很高的品種，另外被大量拿來做甜點的Moscato（Muscat），也帶有花果蜜桃香，都很適合用於烘焙食品製作。

濃度較高的蘭姆酒、伏特加、各種利口酒、甚至是威士忌等，在麵包製作上的使用量就少很多。主要用途大部分是增加副材料的味道層次，或是餡料的豐富調味，時常有著畫龍點睛的效果，能讓產品具有更明顯的特色。但台灣在酒類的應用上，並不像歐洲來的大膽多元，若能將各種酒類使用得宜，想必能為產品創造出與別人不同的繽紛個性。

本書使用酒類
Chile DE RULO Cabernet Sauvignon、Alsace Hugel Gewurztraminer 2011、Dita lychee liqueur、Absolut Citron Vodka。

歐式麵包製程

攪拌 Kneading

攪拌的作用為均勻混合材料、將空氣拌入麵糰當中、使麵糰產生麵筋形成基本結構、增加麵筋強度以利麵糰膨脹。

攪拌的一開始，將所有材料混合均勻成糰，麵粉和水結合會形成麵筋，透過攪拌，麵糰依序經過擠壓、摺疊和延展，慢慢的強化麵筋，建構出完整的麵筋網絡，麥穀蛋白所形成的鏈狀分子結構開始依序排列，形成條狀的強健組織。而攪拌時拌入的空氣，有助於小氣穴的產生，小氣穴產生的量越多，麵糰越能形成細緻的質地。麵筋分子鏈的排列序，在攪拌不足的情況下無法形成長鏈狀的順向排列，這樣的結構尚未達到完整狀態，無法有效將水分鎖在麵筋結構中，烤出爐的麵包會因此乾燥老化的較為快速。

麵糰的攪拌大致可區分為傳統式攪拌法、改良式攪拌法、強迫式攪拌法三種。

● 傳統攪拌法

傳統式攪拌法是比照人工以手揉方式進行攪拌的方法，也就是攪拌機以慢速攪拌。優點是麵糰透過緩慢攪拌，所形成的麵筋組織完整強健，香氣和濕潤度能維持較長時間。缺點則是攪拌時間過長，不利於麵包店生產。

● 改良式攪拌法

改良式攪拌法則是用一部分慢速，搭配少許高速，讓麵糰在慢速時間內進行材料的融合，以及澱粉和水形成最基本的麵筋，接著再以高速攪拌到理想的麵筋強度，這樣的攪拌方式是目前的主流，能有效節省時間。

● 強迫式攪拌法

強迫式攪拌法大多用在甜麵糰。用極少的慢速，搭配較多的高速，以最短的時間攪拌出所需的麵筋強度，是許多傳統麵包店製作甜麵包慣用的攪拌方式，但並不建議使用此方式操作，因為甜麵糰仍然需要足夠的慢速時間來讓材料結合，再用高速，才不會對麵筋造成太多傷害。

以經驗來看，大部分硬式麵包都不需要過於充足的攪拌程度，尤其是添加一定麵種量的麵糰。攪拌程度越多，產生的麵筋強度就越強，能拉出的薄膜也就越薄，雖然這樣攪拌的烤焙彈性較佳，但對於麵糰的保水效果卻較不理想。硬式麵包通常不太會添加奶油等柔性材料來填充麵筋之間的縫隙，所以攪拌時若刻意別太充足，形成的麵筋膜較厚，組織稍微粗糙一些，水分反而較能維持在厚實的麵包肉膜當中，且香氣也不容易散失。而要彌補攪拌少對於麵筋強度不足、烤焙彈性不佳的缺點，則可以用翻麵的做法來解決。

甜麵包和吐司麵包因為在配方中添加了雞蛋、奶油等材料，能使麵糰增加柔軟口感，因此不需像硬式麵包那樣只做少許的攪拌。甜麵包追求的口感是「軟」，甚至是「嫩」，所以為了達到組織細緻、口感柔軟的目標，攪拌必須非常充分。當麵筋攪拌到用手能拉出透明薄膜，甚至能像製作拉麵一般拉出良好延展性及彈性的麵糰，就能製作出柔嫩好入口，且化口極佳的甜麵包。

對於甜麵包與吐司麵糰的攪拌還有一項觀察，就是加入油脂的時機：加入奶油的時間點會大大的影響到麵包老化的速度。

製作甜麵糰時，慢速攪拌的作用仍然是將材料充分融合，並且讓澱粉與水進行結合，開始建構麵筋的結構，進而以鏈狀的方式排列。攪拌適當，麵筋分子形成較健全的結構、排列依照鏈狀順向延伸，這時水分子和澱粉是處在緊密結合的狀態，若在這時加入奶油，油脂會很安分的進入麵筋的縫隙之間。但若澱粉和水還沒緊密結合形成健全結構，水分子還呈現游離狀態時，就將奶油加入，那麼奶油在進到麵糰時所切斷的麵筋，很難再用攪拌的方式讓它變得健全完整，這樣會大大影響麵包烤出爐後的鎖水效果，也就會乾的很快、老化的很快。所以在加油脂前，先將麵糰拉出薄膜對著燈光，讓光線反射薄膜來觀察，若薄膜邊緣還有一絲絲發亮的水痕反光，就代表水分子還呈現游離狀態，這時須將麵糰再以慢速攪拌，直到拉開薄膜沒有水痕為止，才是加入奶油的最佳時機。

● Autolyse **自我分解法（法文原文** Autólisis**）**

是由法國麵包師傅Raymond Calvel於1974年7月所發表。
自我分解是將麵粉與水混合，不加入鹽及酵母，混合成
糰後靜置15分鐘以上，這段時間內，麵粉和水結合產生
麵筋，澱粉酶及蛋白酶開始進行澱粉的水解作用，靜置
時間結束再加入酵母和鹽攪拌。這種方式可預先形成充
分的麵筋，能縮短後續攪拌時間，減少麵糰氧化程度。
而酵素的水解作用可以促進麥芽糖和葡萄糖的產生，以
供給酵母最大的養分，除了幫助發酵作用外，還能增加
麵包體積，胺基酸的大量生成可以創造麵包迷人的香
氣，至於醣類能帶來麵包回甘的甜味，對於材料簡單的
歐式麵包而言，有著非常好的效果。根據觀察，自我分
解法還有另外一項優點，就是能增加麵糰的含水量，麵
粉吸水性約可提高2%左右。

另外一個能提高麵糰含水量的方式，則是後加水攪拌。
後加水的方式是在麵糰的麵筋達到一定強度後，再將水
繼續加入麵糰中攪拌，有點像加入奶油的概念，只是把
奶油替換成水。一般而言，麵糰越硬越好攪拌出筋，水
分越多麵筋就越不易形成，若要在配方中加入較多水
量，一開始就加入所有水分，則麵糰不太好攪拌出筋，
甚至很難成糰，因此把一部分水量留到麵筋強度足夠再
加，麵糰就能再次順利吸收這些水分，同時能形成相對
較足夠的麵筋強度。

發酵 Fermentation

通常所說的發酵，指的是生物體對於有機物的某種分解過程，是人類較早接觸的生物化學反應。最早的發酵是用來描述酵母菌作用於果汁或麥芽汁產生氣泡的現象，或是指酒的生產過程。現在的食品工業中，發酵是指運用生物體，包括微生物、植物細胞、酵母菌，使有機物分解的生物化學反應過程。

麵糰的發酵目的包含酵母產生的二氧化碳使麵糰膨脹、酵素與膨脹引起的物理與代謝物作用使麵糰熟成、發酵產生的物質（胺基酸、有機酸、脂類），能讓麵包增添獨特的味道和香氣。

發酵的過程在前面材料的酵母菌部分有提到，簡單來說，好吃的麵包有項必要條件是經過充分且良好的發酵。而要達到這項目標，就必須控制好麵糰的發酵，才

能得到良好的麵包產品。麵包的香氣除了原自小麥烘烤後的氣味，還有經過發酵帶來的迷人芳醇味。理論上，酵母越少發酵越久，越能得到帶有乳酸的濃郁香氣；酵母越多發酵時間越短，所產生的刺鼻醋酸與發酵的酒精嗆味越明顯。早期麵包店的白吐司多以大量酵母短時間發酵製成，麵包切開帶有很重的酵母味，聞起來的舒適度不佳，而現在有許多麵包採以低溫長時間發酵，減少酵母使用量，經過10幾個小時在冷藏環境發酵，可大大

降低酵母發酵氣味，還能產生足夠的乳酸香氣，以及熟成過的芳醇甘味。

本書有許多麵糰採用冷藏環境，經長時間發酵的製程，除了降低pH值得到柔軟組織、產生良好發酵熟成氣味之外，還能改善麵包店的生產流程，減少工作時數。

• 基本發酵 Fermentation

以麵糰製程來看，麵糰攪拌完成後即進入發酵階段，這段時間一般稱之為「基本發酵」，是酵母菌繁殖的重要階段。基本發酵不足會導致麵包體積較小、組織氣孔緊縮，而中種麵糰的中種攪拌完成後，進入基本發酵，等到主麵糰攪拌完成，則開始「延續發酵」。基本發酵通常使用27度左右的溫度，讓酵母菌能做最大量的繁殖。

• 鬆弛 Resting

基本發酵結束後，麵糰進行分割、滾圓的麵筋重整工作，接著進入鬆弛階段，此階段時常被稱作「中間發酵」。但麵糰需要這段時間的作用是讓麵筋鬆弛，以利之後整形工程能讓麵糰順利延展，所以這段時間麵糰的目標是讓麵筋鬆弛，並非以發酵為目的，故本書皆以「鬆弛」來表示，而非中間發酵（當然此過程仍然有著發酵作用）。

• 最後發酵 Proofing

整形之後，麵糰進入最後發酵。最後發酵的目的在於使整形過程中流失氣體的麵糰，再度膨脹成漂亮的圓弧狀，同時產生酒精、有機酸以及其他芳香物質。而最後發酵所產生的酸能軟化麵筋，創造柔軟口感，產生的二氧化碳能增加麵糰烤焙體積。通常在最後發酵階段，會使用較基本發酵高一些的溫度，建議設定在32度左右，有些師傅會使用到38度的溫度來進行，但太高的溫度會讓酵母產氣過快，麵包內部產生不均勻的大泡泡，影響口感，高溫同時也會生成較多的醋酸，造成刺鼻的氣味。因此，吐司與甜麵包將最後發酵設定在32度左右，能得到較良好的發酵結果。

法國麵包和硬式麵包的最後發酵，則使用與基本發酵同樣的溫度。法國麵包要呈現小麥甜味與回甘尾韻，因此不能讓酵母在高溫快速作用下，消耗太多醣類；硬式麵包通常麵糰體積較大，若以30度以上偏高溫度發酵，會造成麵糰外圍發酵過度，但麵糰中心尚未發酵完成的情況。

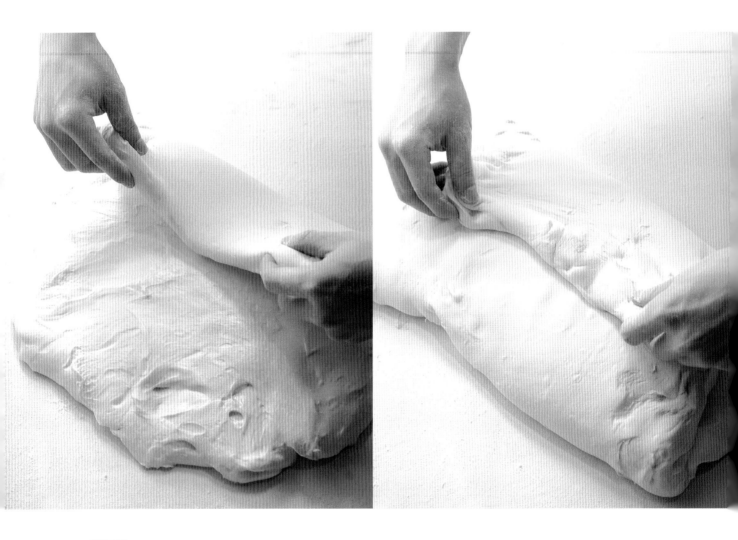

翻麵 Fold

麵糰翻麵的作用包含:

一、藉由翻麵調整底部與頂部麵糰位置,將發酵所產生的酒精與二氧化碳稍微排除,讓酵母重新均勻產氣。

二、經由翻麵讓麵糰接觸空氣的表面重新調整,讓沒接觸到空氣的麵糰也能接觸到空氣,使發酵更加均勻。

三、最重要是為了增加麵筋強度。經過長時間發酵的麵糰,麵筋會較鬆弛,翻麵的步驟會將麵糰摺疊,摺疊的同時會拉緊麵糰,因此產生有力量的緊實麵筋,這樣的動作能讓麵糰發酵的力量垂直向上提升,可以使麵糰的烤焙彈性變得更好。

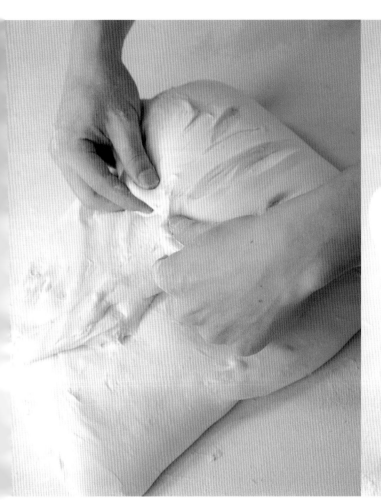 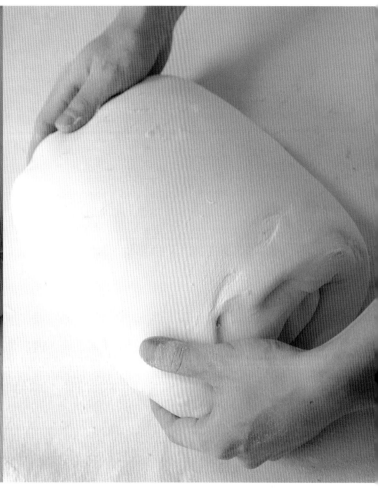

判斷麵糰是否需要翻麵，可用麵筋的強弱來辨別，若是
麵糰水分較多，麵筋相對薄弱，就可利用翻麵增強麵
筋。需要長時間發酵的麵糰由於鬆弛時間較久、酸度偏
高，麵筋也會較為軟化，透過翻麵能讓麵筋調整到較有
力量的狀態。

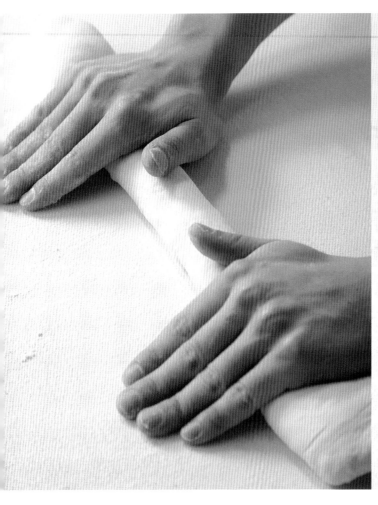
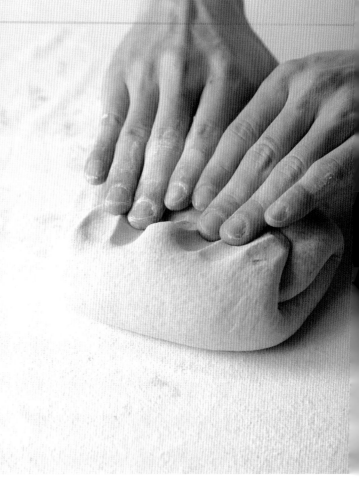

整形 Moulding

整形的目的包含：

一、塑造出產品最終的形狀。即利用整形，賦予麵糰各種不同的造型，除了外型亮麗之外，不同造型所創造出的口感也會不同。

二、排氣。利用整形一開始的排氣動作，可以將鬆弛時間所產生的多餘氣泡排除，讓麵糰重新發酵產氣，形成麵包組織所需要的氣孔。

三、重整麵筋。經由整形的過程，在塑造形狀的同時也達到重整麵筋與增強麵筋的效果，有利於麵糰最後發酵結束，進爐烘烤時能達到最良好的膨脹。

通常硬式麵包麵糰中沒有含奶油等副材料，為了呈現麵
糰最原始的香氣，整形時會盡量以最輕柔的方式來操
作，過程中彷彿將氣體包覆進麵糰一般的折疊，以不傷
害麵筋的方式進行整形。甜麵糰和吐司麵糰由於添加較
多副材料及奶油，將空氣完全排除能得到細緻綿密的組
織，避免產生大氣泡而影響口感，所以吐司整形時會以
桿捲方式盡可能的排除空氣，來達到細緻組織的目標。

烤焙 Baking

烤焙是麵包製程的最後步驟，藉由加熱過程，將不適合人吃的生麵糰變成鬆軟、容易消化、有孔洞且好吃的產品。除了澱粉糊化成為易消化的麵包，烘焙加熱過程能讓發酵產生的二氧化碳與酒精氣化，形成麵包的體積，同時停止了酵母產氣的作用，也抑制各種酵素的活性；加熱過程中所蒸發的水分，則改善了麵包的口感。

當麵糰進入烤爐中，熱量會從烤爐底部傳到麵糰底部、熱氣從爐頂傳到麵糰上方及周圍，接著熱會從黏質麵筋澱粉網絡緩慢導入麵糰、同時麵糰內部的氣泡網絡能讓蒸氣快速的移動，隨著溫度的提高，麵糰變得更具流性，氣體受熱膨脹，使麵糰逐漸脹大。麵糰進爐後開始受熱，外皮流失水分後逐漸硬化形成硬殼，當這層硬殼足以抗衡內壓，內部溫度也達到讓麵筋凝固的74度左右時，麵糰就會停止膨脹，而隨著壓力的累積，氣穴壁無法承受不斷上升的內壓，便會脹破，改變麵糰的構造，讓原本由各個獨立氣穴組成的封閉網絡，轉變成各氣穴相連通的開放網絡。

麵包師傅常使用敲打麵包底部聽聲音的方式判斷麵包是否烤熟，若聲音是沉悶厚實，代表著氣穴網絡還夾雜帶水分的氣泡；若已經烤熟，內部形成氣孔相連通的開放網絡，聲音聽起來會是中空清脆的。

梅納反應（Maillard reaction）指的是食物中的還原糖（碳水化合物）與胺基酸、蛋白質在常溫或加熱時發生的一系列複雜反應。其結果是生成了棕黑色的大分子物質類黑精，除此之外，反應過程中還會產生成千上百的有不同氣味的中間體分子，為食品提供了可口風味和誘人的色澤。

麵糰表皮在153~157度時會產生梅納反應，同時產生糊精和糖類的焦糖化，這過程為麵包表皮強烈香氣形成的主因。但會受到麵糰pH值的影響，發酵過度的麵糰，pH值較低、殘糖量不足，烤焙顏色較淺，麵包外皮香氣也較不足。

從麵糰進爐加熱開始到表皮乾燥成殼的時間大約在6~8分鐘左右，麵糰表皮的溫度經熱氣加熱來到90度需耗時4分左右，在烘焙硬式麵包時，常使用蒸氣來改善麵糰膨脹的狀態。

由於蒸氣是水加熱到汽化，溫度超過水的沸點（100度），蒸氣噴到麵糰表面時，能使表面溫度在1分鐘內達到90度，促使麵糰迅速膨脹，同時麵糰表皮形成一層濕潤水膜，可以延緩表皮乾燥成硬殼，這樣麵糰能保持彈性，在烘焙初期得以盡量的迅速膨脹，產生較大、較輕盈的麵包。此外，高熱的水氣可使麵糰表皮的澱粉糊化，形成薄而透明的外層，這層外皮具有較好的彈性與韌性，能使麵包乾燥後更光亮，烤焙完成出爐時，藉由200度的溫差，讓表皮急劇激烈的收縮，進而創造出酥脆外皮，達到外酥內鬆軟的良好反差口感。

麵包出爐時，外皮呈現溫度約200度、水分只有約15%的乾燥狀態；內部則相當濕潤，水分約40~50%、溫度約在93度左右。在冷卻階段，這些差異會逐漸消失，隨著水氣在出爐後逐漸逸散，溫度降低、澱粉越來越結實，麵包則變得有彈性。

歐式麵包預發酵系統

預發酵原理

「預發酵 Pre-fermentation」指的是在麵糰進行攪拌之前，其中任何已經過發酵作用的一部分。不管在攪拌之前先發酵的比例多寡、使用的方式與種類、有無商業酵母的參與，都能廣泛的涵蓋在預發酵系統中。

預發酵的作業，是讓一部分麵糰進行發酵作用，使其產氣、熟成、酸化、膨脹、增強麵筋，接著再將這麵糰加入主麵糰攪拌，進行後續工程。使用預發酵方式製作麵包的目的不外乎為了縮短攪拌時間、縮短發酵時間、增加麵糰酸度以軟化麵筋創造柔軟口感、增加麵糰保濕效果、產生較多乳酸以加強麵包香氣、延緩麵包老化時間。

預發酵系統可由添加商業酵母與天然酵母來區分。添加商業酵母的預發酵麵糰有中種（Sponge）、義大利硬種（Biga）、法國老麵糰（Pâte fermentée）、法式液種（Poolish）；天然酵母的預發酵有用穀物製作的法國魯邦種（Levain）、荷蘭丹賢種（Desem）、德國裸麥酸種（Rye sour）、美國舊金山酸麵糰（San Francisco Sour dough），用各類果實製成的水果菌水種（葡萄乾菌水種、蘋果菌水種、檸檬菌水種…等），利用啤酒花製成

的啤酒花種，或是日本師傅喜愛的酒種（添加米麴發酵製成）。這些預發酵的方式並沒有一定的做法，也沒有哪一種方式才是絕對正確的，就看師傅希望如何表現出想像中的味道，甚至有許多師傅會將不同型態的發酵系統混合使用，像是用水果菌水培養成隔夜的液種，各種不同的混合作法可創造出千變萬化的麵種風味。

天然酵母的概念，是以各種方式，將大自然中附著於小麥或水果表皮的酵母菌純化出來，這類酵母可稱為「野生酵母」。通常培養天然酵母的過程中，會創造出最適合酵母菌（以及乳酸菌）生長的環境和溫度，並且給予足夠養分進行大量的繁殖，減少其他雜菌的滋生，最終就得到充滿了酵母菌（與乳酸菌）的液體或麵糰。

／麵包師傅口中的「魚眼睛」，
是以天然酵母製作才會出現的
外皮。

中種 Sponge

中種的使用以麵包店較為常見。是將配方中的一部分麵糰獨立出來，先做簡單的攪拌以及充分的發酵，而添加進主麵糰後，減少了攪拌的時間（不佔用攪拌機的操作時間），並大幅縮短發酵時間，甚至是將主麵糰的基本發酵省略，攪拌完成直接進入分割作業，對於麵包製程效率有很大的改善。

經過充分發酵的麵糰麵筋熟成度足夠，發酵香氣也很濃郁，能為麵包帶來香醇的風味，減緩酵母發酵的酒精氣味。中種使用比例從30%~100%都有，不同種類麵包使用的量皆不同，麵包師傅們也會依照習慣調整使用量，做出各種型態與風味的中種麵包，一般較常見的用量大約是30%、50%與70%。

本書所使用的中種以灰份含量較高的麵粉製作，無論是當天發酵的中種或是隔夜發酵中種，灰份高所含酵素多，能充分將麵粉的香氣經由中種發揮到最大，因此選擇麵粉的考量點在於灰份產生的風味，而不考慮操作便利性或是麵筋強度。

法國老麵 Pâte fermentée

添加法國老麵，是法國的麵包師傅很常使用的方式。法國的麵包店幾乎每天都會製作法國麵包，從每天的法國麵糰中取出一部分，放在冰箱冷藏一晚，隔天就成為好用的法國老麵。法國老麵的成分中只有麵粉、水、鹽巴和酵母，因此幾乎每種麵包都能添加法國老麵使用，可以視為最單純的發酵麵糰。

法國老麵通常在冷藏冰箱中保存，若24小時內使用完畢，麵糰的麵筋強度夠、酵母活力也很充足，但乳酸形成較少，風味不至於太強烈。若希望酸度高一些，可以將法國老麵冷藏24小時後再使用，但酵母的力道會減弱，麵筋也會因為酸而變得稍軟。

本書的法國老麵，是以「基礎傳統法國」的麵糰，經過2.5小時的基本發酵，翻麵後冰入冷藏冰箱12小時以上使用。

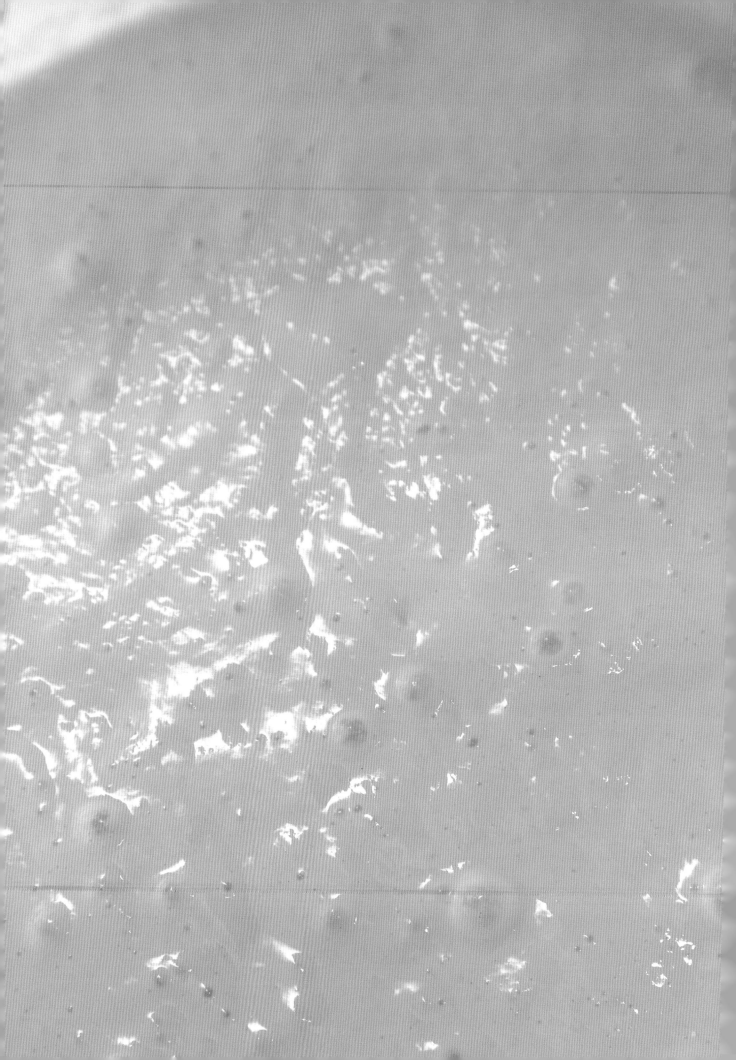

魯邦 Levain

魯邦種是法國的麵包師傅最常使用的天然酵母麵種，有液態麵糊與固態麵糰兩種培養方式。在冰箱發明以前，多以麵糰培養，麵糰的發酵較為緩慢，每天重新攪拌培養麵糰，不需要冰箱控制發酵程度，但現今為了縮短工作時間，多以液態魯邦培養，發酵速度較快，再藉由冷藏冰箱保存麵種。魯邦種在冰箱內發酵變得很緩慢，可以不需要每天重新培養，大大降低了操作的麻煩。

魯邦種當中的乳酸菌與酵母菌大約以100：1的比例存在。使用魯邦種最大的目的在於乳酸菌的效果，主要是增添乳酸發酵的風味，另外魯邦種的酸會讓麵筋軟化，可以做出更鬆軟的麵包組織，也能延緩麵包老化，避免雜菌孳生，以及帶有保水保濕效果，維持麵包良好的濕潤度和口感。若是以魯邦種當作發酵的來源，必須等待相當長的時間，因此不會直接添加，而是先製作成中種或麵糰，讓酵母菌產生一定的量再使用。

魯邦種的培養會隨著麵粉的不同而產生差異。無論從蛋白質或灰份的角度來看，不同含量都會造成不同的結果，有些魯邦會有濃烈的氣味、有些較溫和；有的魯邦在舌頭的感覺酸度很直接、有的則緩慢；魯邦的口感則有黏稠、滑順、水稀、粉狀感等。因此在培養魯邦時，會照著麵包師傅希望表現的特色來選擇麵粉，做出具有不同個性的魯邦，同樣的，這部分沒有好壞之分，只有喜歡和不喜歡的區別。

本書的魯邦種，是以液態形式培養的魯邦，麵粉使用法國Grands Moulins de Paris麵粉廠的T55麵粉。灰份較高的麵粉能表現出直接且強烈的風味，但吸水性稍低，魯邦會呈現較稀的狀態，必須特別注意培養的發酵時間。在使用前，以pH值測試計確認酸度到達pH3.8後再使用，若酸度不夠（如pH4.2），魯邦所呈現的效果並不理想，能增加的乳酸風味較不明顯。酸度不夠麵種也較容易被雜菌汙染滋生，因此魯邦的使用以pH3.5~3.8為佳，但若pH值太低，則會讓麵筋過軟，味道過酸，也不宜使用。

水果菌 Natural juice starter

水果菌的培養，是由水果、水果乾或是水果汁液，將附著在果皮上的微生物，以供給糖分的方式，讓酵母菌從原本的15%左右，繁殖到約99%的比例，再將這些汁液濾掉果皮雜質，成為做麵包的發酵原料。目前最常見到的水果菌，大概是葡萄乾菌水種，一顆葡萄大約有200~4000萬個酵母菌附著在表面，但適合用來做酵母的酵母菌，大約只佔其中的15%。

通常培養水果菌，會以新鮮水果切塊搗碎，或以水果乾加入糖分與大量的水，放置4~7天，讓酵母菌繁殖產氣，等到水果浮在汁液頂端，並產生大量氣泡時，則可確認氣味是否嗆鼻或變的香醇。一般來說，帶較多酒精刺鼻味的狀態下使用，雖然酵母活力旺盛，但風味卻來的較弱，水果菌含有濃郁的特殊水果香氣，能賦予麵包更多的味道層次，因此使用上會等到培養菌水的氣味濃郁芳醇再使用，麵包成品的風味較佳。

水果菌的種類相當多樣，除了最常見的葡萄乾菌種之外，檸檬、柳橙、草莓、蘋果等，都能拿來製作水果菌，不同的水果菌風味也不同，各具特色，能帶給麵包千變萬化的層次。在使用方面，常以水果菌水加入麵粉攪拌成中種麵糰，或以水果菌為基底，製作成類似魯邦的麵種不斷續養，也有師傅直接將水果菌水加入麵糰攪拌，能得到水果菌最直接的風味。

本書使用的水果菌種，是以葡萄乾培養而成的葡萄菌水作使用。

裸麥酸種 Rye sour

酸裸麥種屬於穀物種的天然酵母類型，培養方式與使用，都和魯邦極為相似，差別在於使用的麵粉是裸麥麵粉，而魯邦使用的是小麥麵粉。

以裸麥粉加水培養裸麥酸種，由於裸麥含有大量的灰份，相當適合乳酸菌的生成，因此以裸麥粉培養的酸種，酸味會比魯邦來的明顯，通常以裸麥含量較高的德式麵包較為常見。

本書所使用的裸麥酸種，是以日清製粉的裸麥全粒粉細挽培養而成。

燙麵種 Gelatinized dough

燙麵種沒有發酵作用參與其中，是以澱粉的糊化為主要目的，台灣常說的湯種就是燙麵方式的其中一種。燙麵是利用熱水與麵粉攪拌成糰，使澱粉糊化，破壞澱粉鏈的結構。麵糰中添加燙麵，能讓麵筋的延展性變的非常好，可製作出相當柔軟、化口性優良的麵包組織，對於麵包的保濕也有明顯的幫助。

燙麵大多用於甜麵包或吐司這類需要細緻柔軟口感的麵糰，用量約在5~20%左右，用量太多會造成麵筋過軟，不容易攪拌出足夠強度的麵筋，有些硬式裸麥麵包也會添加燙麵，提高麵包組織的濕潤度。燙麵製作完成後，至少需經過兩小時以上的時間才能使用，剛糊化完的澱粉若直接加入麵糰中攪拌，不容易均勻的攪散在麵糰內，易產生糊化的澱粉顆粒，因此在前一天製作燙麵，並冷藏一晚使用，除了容易攪拌外，也較好控制麵糰溫度。

歐式麵包機器設備

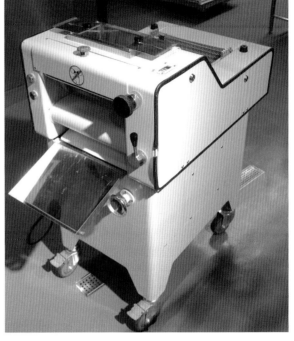

攪拌機 Mixer

目前常見的麵包用攪拌機有臥式螺旋攪拌機與直立式攪拌機，而歐洲還有臥式單叉攪拌機和直立式雙叉攪拌機等，台灣則較少見。直立式攪拌機在攪拌麵糰時，麵糰會在攪拌缸內滾動，經由攪拌勾擠壓麵糰，讓麵糰碰觸四周缸壁，麵糰會在糰狀的形態下產生麵筋，因此選擇直立式攪拌機的麵糰，會以需要較多垂直生長力量的麵糰為主，如吐司。而螺旋式攪拌機操作時，攪拌缸會整個轉動，攪拌勾則固定在同一位置自體旋轉，麵糰在缸內會因為缸的旋轉而被帶著轉，有一半的時間是沒有攪拌到的，也就是麵糰攪拌時，是以攪拌、休息、攪拌、休息的狀態進行，適合低成分的硬式麵包，或需要較多橫向膨脹力量的麵糰使用。

本書使用的直立式攪拌機為愛工舍MT-50H，螺旋攪拌機為Kemper ECO30。

整形機 Moulding machine

吐司整形機是利用滾輪先將麵糰壓成扁平狀，再利用輸送帶與防滑面將麵糰捲起成條狀。若是吐司需要桿捲兩次，則在第一次捲成條狀後，再以相同方式放入整形機捲成短圓柱狀。

發酵箱 Proofing machine

發酵箱是控制發酵溫度與濕度環境的機器。一般只有發酵功能的發酵箱大多為儲水加熱方式，在發酵箱底部的儲水槽設置加熱管，當水加熱產生熱水氣，讓箱內溫度升高，再藉由溫度計控制加熱開關，但這種方式的發酵箱溫度起伏過大，溫度和濕度也會太高，無法精準的控溫。而凍藏發酵箱具備了冷藏的功能，凍藏發酵箱能設定為前一天冷藏，隔天早上固定時間發酵完成，利用定時回溫與發酵的裝置，讓麵包店在一早上班時就有發酵完成的麵包可以烘烤，有效縮短工作時間，這類發酵箱大多是以噴霧方式控制濕度，加熱也穩定許多，是較佳的選擇。

以硬式麵包如法國麵包而言，若最後發酵環境濕度過高（75%以上），麵糰烤前劃刀時容易黏住，無法順利劃出漂亮刀口，因此法國麵包最適合的最後發酵環境，是

在木頭櫃子當中。木頭能自動調節空間溼度，麵糰不會乾燥結皮、也不會造成溼黏外皮，木櫃還具有控溫效果，放置在烤箱旁，能一直維持約在28~29度左右，是非常理想的發酵環境。

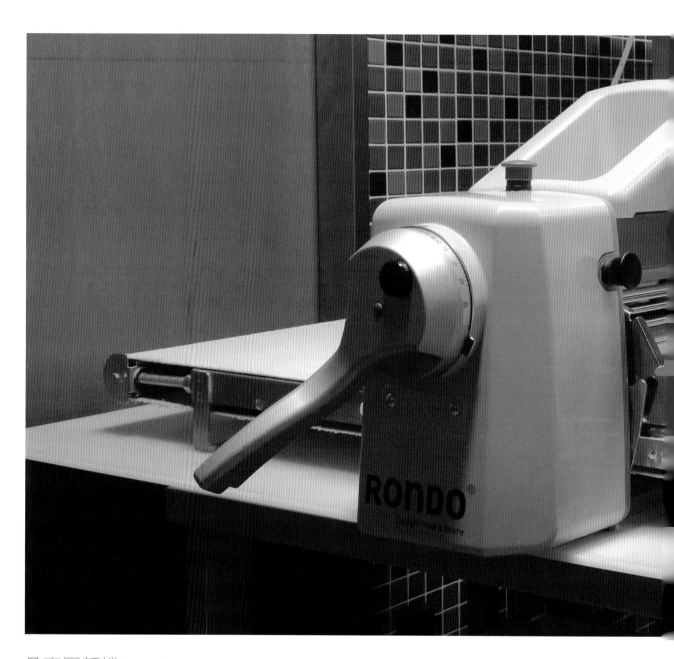

丹麥壓麵機 Dough sheeter

丹麥壓麵機是利用兩個滾輪的間距，來回調整麵糰的厚薄度，可以有效的將麵糰壓成扁平狀，製作裹油類麵糰時，代替人用桿麵棍桿壓的勞力，還可以一次桿

壓較多的麵糰量。壓麵機的齒輪固定選擇卡榫式的較佳，桿壓較硬或較大的麵糰時，滾輪不會因為麵糰擠壓而將刻度回彈，但在操作時，也不宜一下子將刻度

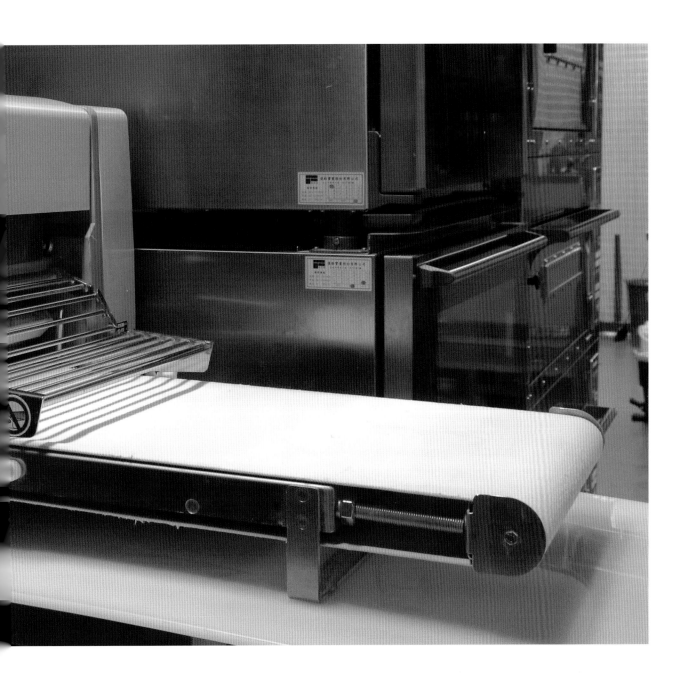

調整過大，否則麵糰內的油層擠壓過度，會使油的厚
薄度分布不均勻。

烤箱 Baking oven

烤箱的最大功用是加熱麵糰使其烤熟。加熱的方式有許多種，最傳統的石窯爐是利用木柴燜燒，待溫度夠熱後將木柴取出，開始烤麵包。早期烤箱有使用煤油做為動力來源，但現代的烤箱多以電烤箱為主，效能較佳、也較為安全。

烤箱的加熱會依照材質不同而有不一樣的加熱效果與速度，有使用石英管的紅外線加熱、或陶瓷管的加熱系統等。烤箱底部的材質也會影響導熱效率，早期多以石棉板作為底板，現在則有矽石、火山岩等材質的底板。

歐式麵包多使用有蒸氣設備的烤箱。蒸氣烤箱的選用除了蒸氣噴頭的粗細影響水氣細緻度，會讓麵糰糊化均勻有差異外，烤箱的密合度也會影響爐內保濕效果的好壞，保濕效果越好，則蒸氣的使用不需噴太多次，若爐內水氣容易逸散，則蒸氣就需要多追加使用。

本書使用的歐式烤爐為法國Bongard Omega-2，軟麵包所使用的烤箱為台灣國產的中部電機帝國型紅外線烤爐。

Bongard烤爐為深烤爐，保溫及保濕效果優良，能使麵糰膨脹體積較大。中部電機紅外線烤爐的加熱有兩段火力控制，上火強火控制的是電壓供給，將上火強火調整至最大，烤爐會不間斷的持續用電能加熱，有點像是傳統烤箱用電能加熱的四段調整方式，可以讓進出爐不受烤箱爐門開關影響內部保熱性，維持穩定的溫度；而上火弱火控制的是紅外線加熱，由石英管傳導出遠紅外線熱能，遠紅外線產生的電磁波可滲透入被加熱物的內部，經由震動所產生的熱能，具有較佳穿透效果，麵糰中心與外層同時加熱，非常適合利用高溫短時間方式烤焙的甜麵包及吐司，除了大幅縮短麵糰在烤箱內的時間外，還能烤出濕潤度較佳的產品，是國產烤箱的首選。

參考書目
苗林行（2014）。Bread Labo麵包烘焙原理。
中華穀類食品工業技術研究所（2012）。實用麵包製作技術。
中華穀類食品工業技術研究所（2007）。老麵麵包班第6期課程講義。
志賀勝榮（2014）。從酵母思考麵包的製作。出版菊文化。
旭屋出版（2005）。日本超人氣麵包店天然酵母麵包烘焙技術。東販出版。
品度股份有限公司（2005）。西點烘焙專業字典。品度出版。
維基百科Wikipedia（2014）。維基百科。線上檢索日期：2014年8月3日。
網址：http://zh.wikipedia.org/wiki/Wikipedia:%E9%A6%96%E9%A1%B5。
仁瓶利夫（2014）。Bon Painへの道。旭屋出版。

成瀬正（2011）。挑戰麵包的無限可能。東販出版。
吉野精一（2013）。用科學方式瞭解麵包的「為什麼？」。大境文化。
Editions Jerome Villette（1995）. Les Pains et Viennoiseries de l' Ecole Lenôtre.
Frédéric Lalos（2003）. Le Pain- l' envers du décor.
Harold Mcgee.（2010）. Food and Cooking- the science and lore of the kitchen.
Jean-Pierre Gabriel（2009）. Le pain quotidien- Alain Coumont's communal table.
Pierre Hermé（2010）. Le Larousse des desserts.
Peter Reinhart（2001）. The Bread Baker's Apprentice.

Chapter _03.

歐式麵包
實作

歐式麵包麵種培養

魯邦種

● 魯邦種原種

| 成分 Ingredients |

日期	時間	日清全麥細粉%	T55麵粉%	水%	前次麵種%	百花蜂蜜%
Day1	08：00	100		100		3
	20：00	100		100	100	
Day2	08：00	100		100	100	
	20：00		100	100	100	
Day3	08：00		100	100	100	
	20：00		100	100	100	
Day4	08：00		100	100	100	
	20：00		100	100	100	
Day5	04：00		100	100	100	
	16：00	冰入冷藏冰箱保存使用，或開始續養				

| 作法 Methods |

1. 水溫33度。

2. 發酵溫30度。

3. 攪拌使用打蛋器攪拌至沒有粉粒。

● 魯邦種續養

| 成分 Ingredients |

材料	%
魯邦種	100
Grands Moulins de Paris T55	200
水	250

| 作法 Methods |

1. 續養攪拌，魯邦種與水攪拌均勻，加入麵粉攪拌至沒有粉粒。

2. 30度發酵箱發酵至pH4.1。

3. 移至冷藏冰箱，每天取出攪拌一次。

4. 在冷藏冰箱4天，每天pH值會下降約0.1，等到pH3.8時開始使用，或重新續養。

5. pH值降到3.2後就不再使用。

1
／所有容器用酒精確實消毒。

2
／將魯邦種倒入。

3
／將水倒入。

4
／魯邦種與水攪拌均勻。

5
／倒入麵粉。

6
／將魯邦水與麵粉攪拌均勻至沒有大粉粒。

7
／以30度溫度發酵至pH4.1左右，進入冷藏冰箱保存，每天pH會降0.1。

8
／等pH達到3.6~3.8開始使用，若酸度不夠，則魯邦的風味較不明顯。

魯邦硬種

| 成分 Ingredients |

材料	%
魯邦種	100
水	80
日清百合花法國粉	200

| 作法 Methods |

1. 麵種攪拌，魯邦種和水攪拌均勻，加入法國粉慢速5分。

2. 30度發酵箱發酵3小時，冷藏12小時以上。

3. 使用前確認pH3.8。

1　2　3　4

／攪拌缸與攪拌勾硬實需消
毒，倒入水與魯邦種。

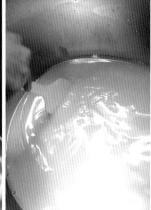

／先將水與魯邦種攪拌
均勻。

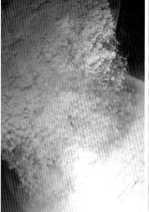

／倒入麵粉，以慢速攪拌5
分鐘成糰。

／攪拌完成，用手進行滾圓
作業。

5　6　7　8

／以30度溫度發酵3小時，
進入冷藏進行低溫發酵12
小時以上。

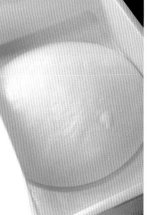

／發酵完成的魯邦硬種。

／魯邦硬種內部有網狀的麵
筋結構。

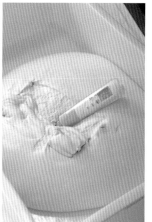

／使用前確認酸度達到
pH3.8，風味足夠後才開
始使用。

葡萄菌水

| 成分 Ingredients |

材料	%
上果少油葡萄乾	1500
砂糖	750
Euromalt麥芽精	30
水	3000
舊菌水	30

| 作法 Methods |

1. 水煮至沸騰，降溫至35度。

2. 所有材料放入容器內攪拌均勻。

3. 封上保鮮膜，表面戳兩個洞。

4. 放置25度環境中，每天同一時間搖晃一次。

5. 加了舊菌的葡萄菌4天可使用，沒加舊菌6日。

1   2   3   4

╱將水煮至沸騰，其他所有 器具用酒精消毒

╱沸騰後進行冰鎮冷卻降溫 至35度。

╱加入砂糖與麥芽糖攪拌均 勻溶解。

╱加入葡萄乾與舊菌水 拌勻。

5   6   7   8

   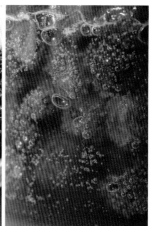

╱蓋上保鮮膜封緊。

╱保鮮膜表面戳洞，讓菌水 產氣後的氣體能排出。

╱每天搖晃一次讓葡萄乾與 菌水均勻浸漬，圖為第4 天狀態，葡萄乾浮起。

╱葡萄菌培養完成狀態， 葡萄乾周圍有許多氣泡 產生。

裸麥種

● 裸麥種原種

| 成分 Ingredients |

天數	時間	日清裸麥粉細挽 %	水 %	前次麵種 %	水溫 ° C
Day1	09：00	100	200		35
Day2	09：00	100	100	100	28
	16：00	100	100	100	28
Day3	09：00	100	100	100	28
	16：00	100	100	100	28
Day4	09：00	開始使用或持續培養			

| 作法 Methods |

1. 發酵溫度28度。

2. 攪拌使用塑膠刮刀攪拌至均勻。

● 裸麥種續養

| 成分 Ingredients |

材料	%
日清裸麥粉細挽	100
水	100
裸麥種	100

| 作法 Methods |

1. 材料攪拌均勻。

2. 發酵溫度28度。

3. 發酵24小時後重新培養。

1	2	3	4

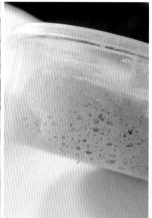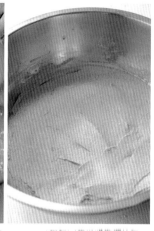

／要培養的裸麥種會呈現鬆黏的狀態

／側面可看到許多發酵後的氣孔。

／麵種、小仙末麥粉攪拌均勻。

／攪拌完成後將表面抹平，28度溫度進行發酵12小時以上。

5	6

／發酵好的裸麥種，表面膨起，可看到稍微裂開的氣孔。

／發酵好的裸麥種，組織有孔洞，有濃郁的酸氣。

裸麥硬種

● 裸麥硬種原種

| **成分**Ingredients |

材料	%
日清裸麥粉細挽	100
葡萄菌水	60
歐克岩鹽	1

| **作法** Methods |

1. 材料攪拌均勻。

2. 30度發酵24小時。

● 裸麥硬種續養

| **成分**Ingredients |

材料	%
日清裸麥粉細挽	100
裸麥硬種	135
水	45.5
合計	280.5

| **作法** Methods |

1. 裸麥硬種沾粉剝成小塊。

2. 加水攪拌均勻。

3. 放入塑膠袋與麻布袋。

4. 用繩子捆綁。

5. 發酵約3~4小時至麵種明顯膨脹。

6. 冰入冷藏冰箱保存。

7. 裸麥硬種一星期培養一次即可。

1
／裸麥硬種的續養，將裸麥硬種在裸麥粉中剝成小塊。

2
／使用到的攪拌缸與攪拌勾用酒精確實消毒。

3
／將材料放入攪拌缸內，以慢速攪拌約5分鐘成糰。

4
／攪拌好後，用手將麵糰整理成表面圓滑的條狀。

5
／整理好的麵糰狀態。

6
／麵糰放入麻布袋中，用繩子捆綁，室溫發酵3~4小時後冷藏保存。

7
／麵種明顯膨脹，可以看到繩子捆綁的痕跡。

8
／裸麥硬種剝開的顏色呈現咖啡色偏紅的狀態，有酸香氣味。

法國老麵

| **成分** Ingredients |

材料	%
昭和CDC法國粉	100
Euromalt麥芽精	0.2
SAF 低糖酵母	0.5
歐克岩鹽	2
水	72
合計	174.7

| **作法** Methods |

1. 麵粉，麥芽精，水，慢速3分攪拌成糰。

2. 靜置15分進行自我分解，灑上酵母並用麵糰蓋住。

3. 慢速1分，加入鹽，慢速5分，快速3分。

4. 麵糰溫度24度。

5. 基本發酵2小時，翻麵，30分後移入冷藏冰箱12小時以上。

1　2　3　4

／麵粉、麥芽精與水放入攪拌缸內。

／慢速攪拌3分鐘攪拌成糰。

／停機，灑上酵母，進行15分鐘自我分解。

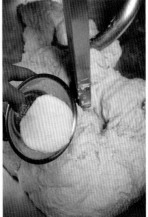

／以慢速攪拌1分鐘後加入岩鹽，繼續慢速攪拌5分鐘，轉快速3分鐘。

5　6　7　8

／攪拌完成溫度24度，將麵糰整理成圓滑狀態進行發酵。

／基本發酵2小時後，進行翻麵。

／翻麵完再發酵30分鐘，將麵糰放入冷藏冰箱進行低溫發酵12小時以上。

／冷藏完成，使用前的麵糰狀態。

傳奇甘味法國

為了表現出極大化的麵糰甜味,使用12小時的自我分解法,將澱粉完全的水解,蛋白質轉換成胺基酸的量也相當充分,因此麵粉選擇灰分皆在0.6%以上的傳奇高粉與T65麵粉混合,以帶出自我分解的最大效果。

配方中使用了20%的日清傳奇高粉,彌補T65麵筋強度的不足,而傳奇高粉也具有0.6%的灰份,因此不會過度減弱灰份的表現。後加水的使用則是為了縮短麵糰的最後發酵時間,以保留更多的糖分不被酵母分解掉。

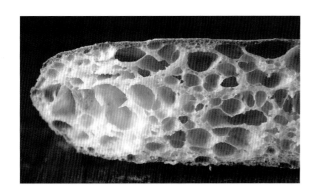

| 作法 Methods |

攪拌	T65麵粉,水,麥芽精,慢速3分攪拌均勻成糰。放入冷藏冰箱靜置12小時進行自我分解。 麵糰攪拌放入酵母,法國老麵,慢速1分,加入鹽,慢速4分,快速2分。 後加水分2次加入,每次加水後轉慢速,水攪勻再換快速,攪成糰再繼續加水。 麵糰攪拌完成9分筋,22~23度。
基本發酵	基本發酵30分,翻麵,60分。
分割、滾圓、鬆弛	分割300g,摺疊滾圓,鬆弛20分。
整形	整形成長棍型。
最後發酵	放帆布最後發酵10分。
烤焙	烤前割1刀。烤焙240/220,噴蒸氣2次(第二次入爐後3分),烤25分。

| 成分 Ingredients |

材料	%
Campaillette des Champs T65	80
日清傳奇高粉	20
Euromalt麥芽精	0.3
水	68
SAF低糖酵母	0.5
歐克岩鹽	2
法國老麵	10
後加水	10
合計	190.8

攪拌

▼

/攪拌缸內放入麵粉、水及麥芽精,慢速3分鐘攪拌均勻成糰。 **1**

/攪拌完成狀態,質地粗糙無法形成薄膜,冷藏12小時進行自我分解。 **2**

/麵筋能拉出均勻細緻薄膜。 **5**

/麵糰自我分解結束,表面變的光滑,加入老麵與酵母,慢速1分鐘。 **3**

/加入後加水攪拌,水進入麵糰後轉快速攪拌至回復完整麵糰狀態。 **6**

/加入岩鹽,慢速4分鐘,轉快速2分鐘。 **4**

/麵糰可拉出透指紋的麵筋薄膜。 **7**

基本發酵

▼

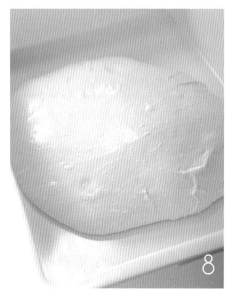

/攪拌完成溫度22~23度,將麵糰整理成圓滑狀態進行發酵30分鐘。 **8**

/麵糰進行翻麵作業。 **9**

/確實整理出光滑表面,翻麵完繼續發酵60分鐘。 **12**

/麵糰較為柔軟,翻麵摺疊幅度大一些。 **10**

/以三折2次方式翻麵。 **11**

分割，滾圓，鬆弛
▼

／麵糰分割300g，輕輕折疊麵糰。 **13**

／將麵糰底部收口確實推緊。 **14**

／麵糰鬆弛20分鐘，圖為鬆弛後的狀態。 **15**

整形
▼

／麵糰整形，將小氣泡排除。 **16**

／將一半麵糰往中心摺疊。 **17**

／將麵糰向下收口。 **20**

／將麵糰向下拉。 **18**

／從中心向兩邊將麵糰收口並搓緊實。 **21**

／以拇指為橫向中心，將麵糰推回並固定形狀。 **19**

／整形成50公分長棍狀，注意麵糰粗細一致且表面不破皮。 **22**

23

／麵糰進行最後發酵10分，發酵完成麵
糰置於烤箱入爐帆架上。

烤焙

24

／用刀片在麵糰表面劃上1刀，入爐烤焙。

基礎傳統法國

基礎傳統法國是操作性佳、體積大、穩定度高的麵糰。

使用昭和CDC法國粉，加上30％的法國老麵，能在80分鐘基本發酵的短時間作業中，完成良好品質的法國麵包，表現出麵粉的明顯甜味，及膨脹度良好的組織，非常合乎台灣消費者喜愛的輕盈口感。由於麵糰操作穩定度高，也適合做成各種變化的產品。

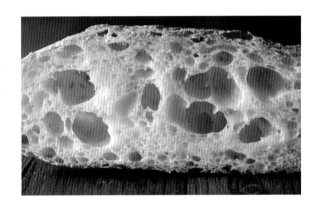

| 成分 Ingredients |

材料	％
昭和CDC法國粉	100
Euromalt麥芽精	0.2
SAF低糖酵母	0.5
SAF BBA	0.1
歐克岩鹽	2
水	72
法國老麵	30
合計	204.8

| 作法 Methods |

攪拌	靜置自我分解20分鐘。 加入法國老麵，慢速1分，加入鹽，慢速5分，快速2分。攪拌完成，8分筋，麵糰溫度22~23度。
基本發酵	基本發酵30分，翻麵，再發酵50分。
分割、滾圓、鬆弛	分割340g，摺疊滾圓麵糰，鬆弛30分。
整形	整形成60cm長棍型，放在帆布上。
最後發酵	最後發酵60分。
烤焙	烤前麵糰割7刀。 烤焙240／220，噴蒸氣2次（第二次入爐後3分），烤27分。

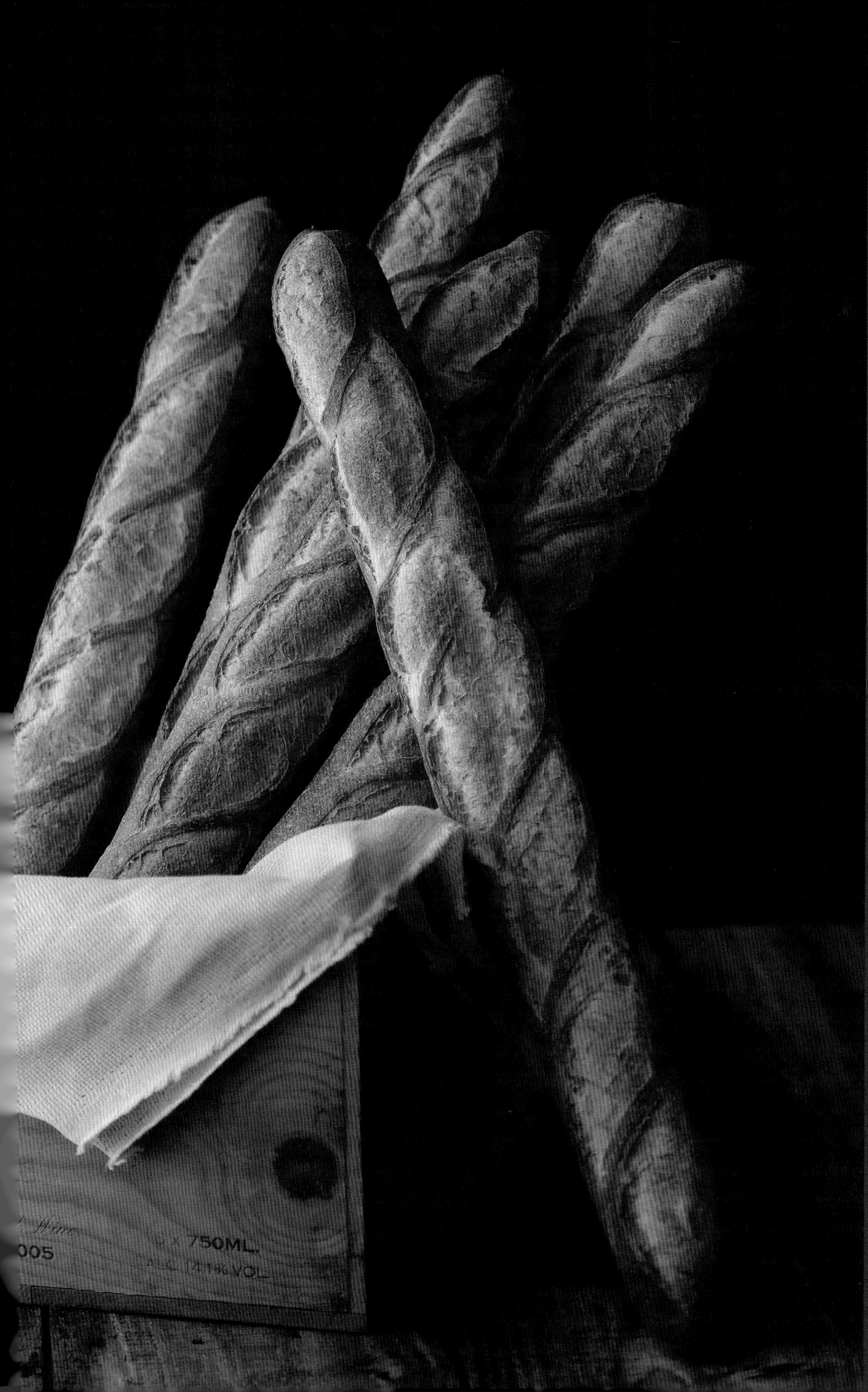
750ML.

攪拌

1 ／麵粉、麥芽精與水放入攪拌缸內。

2 ／慢速攪拌3分鐘攪拌成糰。

3 ／停機，灑上酵母，進行20分鐘自我分解。

4 ／加入法國老麵，開始慢速攪拌。

5 ／約1分鐘後加入岩鹽，繼續慢速攪拌5分鐘。

6 ／轉快速攪拌2分鐘，攪拌完成麵筋形成均勻薄膜。

基本發酵

7 ／攪拌完成溫度22~23度，將麵糰整理成圓滑狀態進行發酵。

8 ／基本發酵30分鐘後，進行翻麵。

9 ／使用三折2次方式翻麵。

10 ／翻麵完再發酵50分鐘。

分割，滾圓，鬆弛
▼

整形
▼

／分割麵糰
340g，將麵
糰摺疊包覆。

11

／用手指將麵
糰收口，進
行30分鐘
鬆弛。

12

／麵糰整形，將
內氣泡排出，

13

／將一半麵
糰往中心
摺疊。

14

／將麵糰向下
收口。

17

／將麵糰向
下拉。

15

／從中心向兩邊
將麵糰收口並
搓緊實。

18

／以拇指為橫
向中心，將
麵糰推回並
固定形狀。

16

／整形成60公
分長棍狀，
注意麵糰粗
細一致且表
面不破皮。

19

最後發酵

▼

20

／將麵糰排列於帆布上進行最後發酵
60分。

烤焙

21

／發酵完成麵糰置於烤箱入爐帆架上。

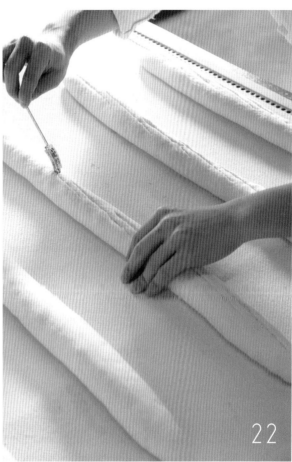

22

／用刀片在麵糰表面劃上7刀，入爐
烤焙。

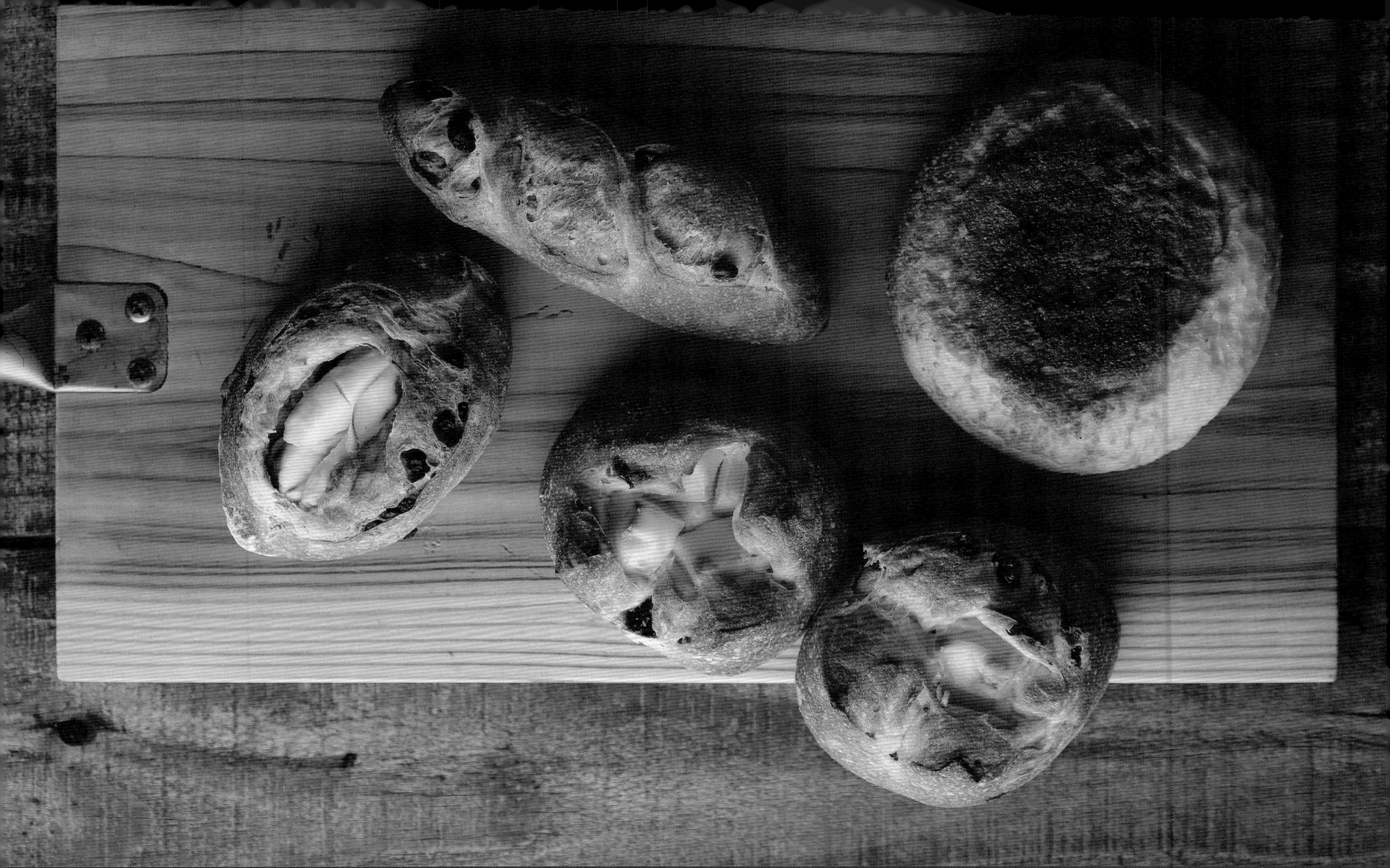

The Next Generation Of European Bread

蔓越莓乳酪球

| 成分 Ingredients |

材料	%
麵糰	
法國麵糰	1000
蜜漬優鮮沛蔓越莓	160
內餡	
快樂牛乳酪（切1.5cm丁）	20g

| 作法 Methods |

攪拌	傳統法國麵糰攪拌完成，加入蔓越莓用手攪拌均勻。
分割、滾圓、鬆弛	分割80g，滾圓，鬆弛30分。
整形	整形，麵糰稍滾圓，拍扁，包入乳酪成圓形，放在帆布上。
最後發酵	最後發酵60分。
烤焙	烤前麵糰用剪刀剪十字型。 烤焙250／230，噴蒸氣，烤15分。

攪拌

▼

基本發酵

▼

／基礎傳統法
國麵糰放上
蔓越莓。

1

／攪拌均勻將
麵糰整理成
圓滑狀態進
行發酵。

3

／以切壓方
式拌入蔓
越莓。

2

／發酵30分
鐘後，進行
翻麵。

4

／使用三折2次
方式翻麵。

5

／翻麵完再發
酵50分鐘。

6

分割，滾圓，鬆弛
▼

╱麵糰分割
　80g，滾圓鬆
　弛30分鐘。
7

整形
▼

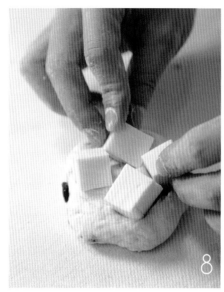

╱麵糰整形，拍
　平後放上切丁
　乳酪。
8

╱將乳酪包入
　麵糰。
9

╱將麵糰收口。
10

╱收口捏緊實，
　確定乳酪不會
　外露。
11

最後發酵

12

／將麵糰排列於帆布上進行最後發酵60分。

烤焙

／發酵完成麵糰置於烤箱入爐帆架上。

13

／用剪刀剪出十字形，入爐烤焙。

14

小藍莓乳酪

| 成分 Ingredients |

材料	%
麵糰	
法國麵糰	1000
野生小藍莓乾	120
內餡	
BUKO奶油乳酪（切1.5CM條）	25g

| 作法 Methods |

攪拌
傳統法國麵糰攪拌完成，加入小藍莓乾攪拌均勻。

分割、滾圓、鬆弛
分割70g，滾圓，鬆弛30分。

整形
整形，麵糰滾長條狀，拍扁，包入乳酪成條狀，放在帆布上。

最後發酵
最後發酵60分。

烤焙
烤前割一刀。
烤焙250／230，噴蒸氣，烤15分。

攪拌
▼

／基礎傳統法
國麵糰放上
小藍莓乾。

／以切壓方
式拌入小
藍莓乾。

基本發酵
▼

／攪拌均勻將
麵糰整理成
圓滑狀態進
行發酵

／發酵30分
鐘後，進行
翻麵。

／使用三折2次
方式翻麵。

／翻麵完再發
酵50分鐘。

分割,滾圓,鬆弛

▼

整形

▼

／麵糰分割
70g,滾圓鬆
弛30分鐘。

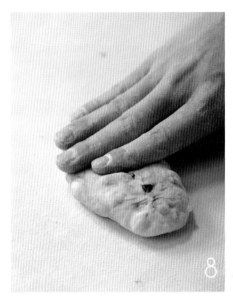

8 ／麵糰整形,拍
平成長條形。

9 ／放上切成
條狀的奶
油乳酪。

10 ／將奶油乳酪包
入麵糰內。

11 ／確實將收口收緊。

最後發酵 ▼

／麵糰沾上麵粉，排列於帆布上進行最後發酵60分。

12

烤焙 ▼

／發酵完成麵糰置於烤箱入爐帆架上。

13

／用刀片深劃一刀，稍微露出奶油乳酪，入爐烤焙。

14

小脆法國

| 成分 Ingredients |

材料	%
法國麵糰	1000
核桃	100
紅酒漬葡萄乾	80
Gaban肉桂粉	3

| 作法 Methods |

攪拌	傳統法國麵糰攪拌完成，加入核桃，葡萄乾，肉桂粉，用手攪拌均勻。
基本發酵	基本發酵60分。
分割、滾圓、鬆弛	分割70g，滾圓，鬆弛30分。
整形	整形成棍狀，放在帆布上。
最後發酵	最後發酵50分。
烤焙	烤焙250／230，噴蒸氣，烤15分。

攪 拌
▼

基 本 發 酵
▼

/基礎傳統法國
麵糰放上葡萄
乾、核桃與肉
桂粉。

/以切壓方式
拌入材料。

/攪拌均勻將
麵糰整理成
圓滑狀態進
行發酵。

/發酵30分
鐘後,進
行翻麵。

/翻麵完再發
酵30分鐘。

／麵糰分割
70g，滾圓鬆
弛30分鐘。
6

／麵糰整形，將
麵糰拍平。
7

／將一半麵
糰往中心
摺疊。
8

／將麵糰搓長
至15公分。
11

／上半部麵
糰往中心
摺疊。
9

／將麵糰
收口。
10

最後發酵
▼

／將麵糰排列
於帆布上進
行最後發酵
60分。 12

烤焙
▼

／發酵完成麵糰
置於烤箱入爐
帆架上。 13

／用刀片劃上
三刀，入爐
烤焙。 14

開心哞哞

／基礎傳統法國麵糰分割120g，滾圓收口。

／麵糰置於發酵盒內鬆弛30分鐘。

| 成分Ingredients |

材料	%
法國麵糰	120
快樂牛乳酪切丁（1.5cm）	4顆
BUKO奶油乳酪切丁（1.5cm）	4顆
巴薩米可醋膏	5
PADANO起司粉	10

| 作法Methods |

分割、滾圓、鬆弛	傳統法國麵糰分割120g，滾圓，鬆弛30分。
整形	整形麵糰稍滾圓，拍扁，擠上巴薩米可醋膏，交錯放上乳酪丁，包起成圓形。
最後發酵	麵糰表面噴水，沾上PADANO起司粉，放在烤盤上。
烤焙	最後發酵50分。 蓋上烤盤布與烤盤。烤焙220／200，烤20分。

整形
▼

3 ╱麵糰整形，拍平，擠上巴沙米可醋膏。

4 ╱各放上4塊切丁快樂牛乳酪與奶油乳酪。

5 ╱將乳酪稍微壓平。

6 ╱麵糰包入乳酪。

7 ╱確實將收口收緊。

8 ╱將麵糰沾濕，表面沾上PADANO起司粉。

最後發酵
▼

9 ╱整形完成麵糰排列於烤盤上進行最後發酵50分。

烤焙
▼

10 ╱發酵完成麵糰蓋上烤焙紙。

11 ╱蓋上烤盤。

12 ╱烤盤壓著麵糰入爐烤焙。

天然酵母法國

此款法國雖然配方未達法國法定天然酵母麵包的規範（天然酵母麵種用量30％以上、酵母用量0.2％以下），但麵粉使用T55，以及T55製作而成的魯邦種混合，充分保留了魯邦種的酸氣，並用冷藏隔夜發酵的方式降低酵母使用量，讓麵糰產生更多的乳酸，且依照「法國的材料」這樣的概念來構思產品，成為了連法國人都認同的口味。

| 作法Methods |

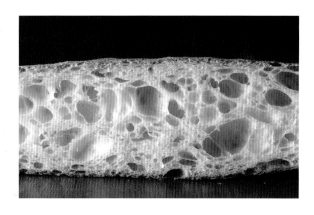

| 攪拌 | 攪拌，T55麵粉，麥芽精，水，魯邦種慢速攪拌2分，加入酵母，慢速1分，加入鹽，慢速6分，快速1分。 |

| 基本發酵 | 麵糰攪拌完成9分筋，溫度22度。
基本發酵60分，冷藏12小時以上。 |

| 成分Ingredients |

材料	％
Grands Moulins de Paris T55	100
SAF低糖酵母	0.15
給宏德鹽之花	2.1
水	65
魯邦種	12
合計	179.25

| 分割、鬆弛、整形 | 分割300g，麵糰回溫至16度，整形成長棍型，兩端搓尖。 |

| 最後發酵 | 放帆布最後發酵60分。 |

| 烤焙 | 烤前割5刀。
烤焙240／220，噴蒸氣2次（第二次入爐後3分），烤25分。 |

攪拌

▼

基本發酵

▼

/麵糰慢速攪拌
　2分鐘成糰。

1

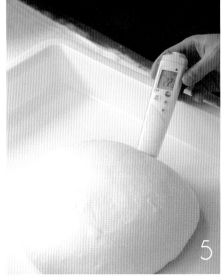

/攪拌完成溫度
　22度，將麵
　糰整理成圓滑
　狀態進行發酵
　60分鐘。

5

/加入酵母，
　慢速攪拌1
　分鐘。

2

/麵糰蓋上塑
　膠袋防止表
　皮乾燥，進
　入冷藏冰箱
　15小時低溫
　發酵。

6

/加入鹽之
　花，慢速攪
　拌6分鐘，轉
　快速1分鐘。

3

/冷藏發酵
　過後的麵
　糰狀態。

7

/麵糰最終狀
　態，麵筋能
　拉出均勻的
　薄膜。

4

分割，滾圓，鬆弛
▼

整形
▼

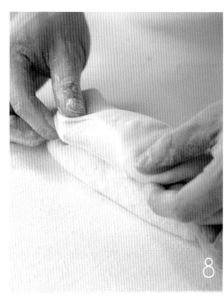

／麵糰分割
300g，輕輕
摺疊整理出光
滑表面。

8

／麵糰整形，將
大氣泡排除。

10

／麵糰鬆弛
回溫至16
度，開始整
形作業。

9

／將一半麵
糰往中心
摺疊。

11

／以拇指為橫
向中心，將
麵糰推回並
固定形狀。

12

／將麵糰向下
收口，從中
心向兩邊將
麵糰收口並
搓緊實。

13

最後發酵

▼

14

／整形成50公分長棍狀，兩端搓尖，
　進行最後發酵60分鐘。

烤焙
▼

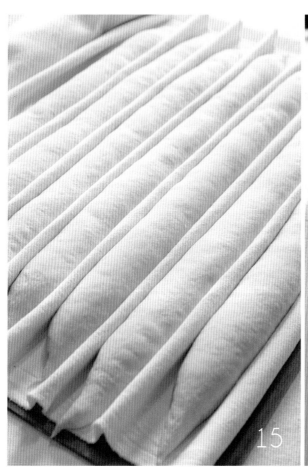

15

／最後發酵完成的麵糰狀態。

16

／麵糰置於烤箱入爐帆架上，用刀片
劃5刀，入爐烤焙。

瑪格麗特

| 成分 Ingredients |

材料	%
天然酵母法國麵糰	1000
半乾油漬番茄	110
羅勒葉	20
快樂牛乳酪切丁	65

| 作法 Methods |

攪拌	天然酵母法國攪拌完成，基本發酵60分。 進入冷藏冰箱15小時。
摺疊包入材料	包入材料。
分割・整形	回溫至16度，拍平分割成方形，300g。
最後發酵	帆布最後發酵50分。
烤焙	烤前斜割一刀。 烤焙240／230，噴蒸氣，烤18分。

／天然酵母法國
　麵糰冷藏一晚
　後，將麵糰拍
　平成方形。　1

／麵糰切割整
　形，先將麵糰
　平均拍平。　6

／材料鋪平
　麵糰2／3
　面積。　2

／包覆好材料同
　時翻麵完成，
　麵糰鬆弛回溫
　至16度。　5

／將麵糰平均
　切割成正
　方形，約
　300g。　7

／以翻麵摺
　疊方式包
　入材料。　3

／小心的將麵
　糰翻麵，盡
　可能輕柔讓
　麵糰表面不
　破皮。　4

144

最後發酵 ▼

／切割完成的麵
糰，進行最發
酵50分鐘。

8

烤焙 ▼

／麵糰置於烤
箱入爐帆架
上，用刀片
劃1刀，入爐
烤焙。

9

／烘烤完成的麵
糰，成現金黃
色，注意露
出的蔬菜焦
黑狀況。

10

95%水量法國

使用後加水的攪拌方式，將麵糰含水量添加到高達95%，創造出極為濕潤、化口度極高的口感，麵糰使用了多次的翻麵，將麵筋強度增加，烤焙時靠著水的力量將麵糰膨脹，是一款不太像法國麵包的法國麵包。操作時麵糰相當濕黏，需要使用較多的手粉。

| 作法Methods |

攪拌	麵糰攪拌，麵粉，麥芽精，法國老麵，水，慢速2分鐘攪拌。 加入酵母，慢速1分，加入鹽，慢速3分，快速2分。 後加水分3次加入，每次加水後轉慢速，水攪勻再換快速，攪成糰再繼續加水。 攪拌完成麵筋10分，溫度22度。
基本發酵	基本發酵30分，翻麵，60分，翻麵，30分。
分割‧整形	分割，麵糰拍平，切長方形條狀，300g，收口成條狀。
最後發酵	帆布最後發酵10分。
烤焙	烤前割一刀。 烤焙240／230，噴蒸氣，烤24分。

| 成分Ingredients |

材料	％
昭和CDC法國粉	100
Euromalt麥芽精	0.3
SAF低糖酵母	0.5
歐克岩鹽	2.1
法國老麵	15
水	70
後加水	25
合計	212.9

攪拌

1 ／麵粉、麥芽精、法國老麵與水慢速攪拌2分鐘。

2 ／加入酵母慢速攪拌1分鐘。

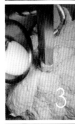

3 ／加入岩鹽，慢速攪拌3分鐘，轉快速攪拌2分鐘。

4 ／麵糰具有充分彈性，麵筋形成均勻薄膜。

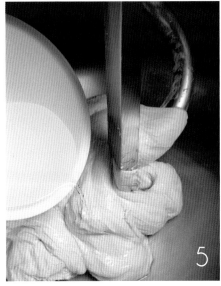

5 ／開始加入後加水的水分，後加水分成三次加入。

6 ／每次水加入後以慢速攪拌，讓水慢慢進入麵糰當中。

7 ／水進入麵糰後轉快速攪拌至麵糰有力量，才能再次加入水分。

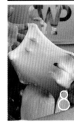

8 ／攪拌完成的麵筋狀態，薄膜能透出指紋，相當細薄，具有流性。

基本發酵 ▼

9 ／攪拌完成溫度22度，將麵糰整理成圓滑狀態進行發酵。

10 ／基本發酵30分鐘後，進行翻麵。

13 ／第二次翻麵完再發酵30分，將麵糰取出在桌上拍平。

11 ／使用三折2次方式翻麵，讓麵糰摺疊幅度大，以增強麵筋。

12 ／翻麵完發酵60分鐘，再進行第二次翻麵。

分割，整形 ▼

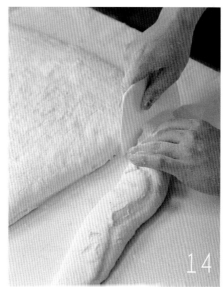

14 ／分割麵糰約300g，切成長條狀，

15 ／將麵糰以捲的方式摺疊。

16 ／用手掌下緣將麵糰收口壓緊。

最後發酵

▼

17

／將麵糰以收口朝上方式排列於帆布
　上，進行最後發酵10分鐘。

烤焙

▼

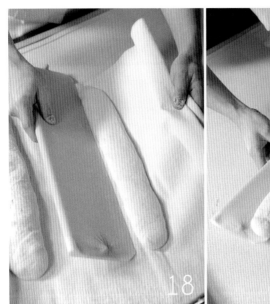

／將發酵完成麵糰小心的移置移麵板上。

／置於烤箱入爐帆架上，放好後避免再移動麵糰以免破壞組織內氣泡。

／用刀片在麵糰表面劃上1刀，入爐烤焙。

柏尼西摩

| 成分 Ingredients |

材料	%
95%水量法國麵糰	1000
伯尼西摩起司丁	170

| 作法 Methods |

攪拌　　95%水量法國麵糰攪拌完成，加入起司丁拌勻。

分割，整形　　分割150g，整形成捲條狀。

最後發酵　　帆布最後發酵15分。

烤焙　　烤焙250／230，噴蒸氣，烤18分。

／95%水量法國
　麵糰攪拌完
　成，放上柏尼
　西摩起司丁。

1

3

／發酵30分鐘，
　麵糰翻麵。

2

／以切壓方式
　拌入起司。

4

／以三折2次
　方式進行
　翻麵。

5

／翻麵完成發
　酵60分，進
　行第二次翻
　麵，再發酵
　30分鐘。

整形
▼

烤焙
▼

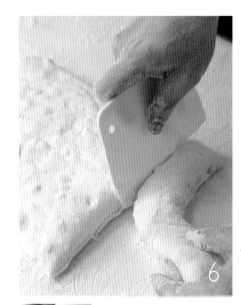

╱ 將麵糰取出
　在桌上拍
　平，切成條
　狀約150g。

6

╱ 在麵粉上進
　行整形，將
　麵糰前後反
　方向捲起。

7

╱ 最後發酵15
　分鐘後，麵糰
　置於烤箱入爐
　帆架上，入爐
　烤焙。

8

雙色橄欖法國

| 成分 Ingredients |

材料	%
95%水量法國麵糰	1000
黑橄欖切片	90
綠橄欖切片	90
粗磨彩色胡椒	1

| 作法 Methods |

攪拌	95%水量法國麵糰攪拌完成。
摺疊包入材料	右邊寫基本發酵30分，翻麵時包入雙色橄欖與彩色胡椒，發酵60分，翻麵，30分。
分割，整形	分割150g，整形成捲條狀。
最後發酵	帆布最後發酵15分。
烤焙	烤焙250／220，噴蒸氣，烤18分。

／95%水量法國麵糰發酵30分鐘，拍平放上切片橄欖。

／灑上粗磨彩色胡椒粒。

／材料鋪平麵糰2／3面積，以翻麵摺疊方式包入材料。

／三折2次方式包入材料並進行翻麵。

基本發酵
▼

／發酵60分，
進行第二次
翻麵，再發
酵30分鐘。

5

分割，整形
▼

／將麵糰取出在桌上
拍平，切成條狀約
150g。

6

／在麵粉上進行整
形，將麵糰前後反
方向捲起。

7

最後發酵，烤焙
▼

／最後發酵15
分鐘後，麵糰
置於烤箱入爐
帆架上，入爐
烤焙。

8

田園玉米

| 成分 Ingredients |

材料	%
95%水量法國麵糰	1000
玉米粒	350
乾蔥絲	20
粗磨黑胡椒	1

| 作法 Methods |

攪拌	95%水量法國麵糰攪拌完成。
摺疊包入材料	基本發酵30分，翻麵時包入玉米粒，乾蔥絲，粗磨胡椒，60分，翻麵，30分。
分割，整形	分割200g，切成方形。
最後發酵	帆布最後發酵15分。
烤焙	烤前割十字型。 烤焙250／230，噴蒸氣，烤18分。

／95%水量法國麵糰發酵30分鐘，拍平放上玉米粒與乾蔥絲及黑胡椒。

／材料鋪平麵糰2／3面積，以翻麵摺疊方式包入材料。

／第二次翻麵完再發酵30分，將麵糰取出在桌上拍平。

／麵糰翻麵包入材料時，將掉落出來的玉米粒放進麵糰內摺疊。

／翻麵完成發酵60分，再進行第二次翻麵。

分割，整形
▼

／將麵糰切成
方形，約
200g。 6

最後發酵，烤焙
▼

／麵糰排列於
帆布上進行
最後發酵15
分鐘， 7

／發酵完成麵糰置
於烤箱入爐帆架
上，劃上一刀，
入爐烤焙。 8

蜂巢麵包

2008年看到了一則關於地球暖化導致蜜蜂大量死亡，造成幾十年之後蜂蜜從地球消失的危機的新聞報導，於是開始思索「是否能用麵包喚起大眾對於地球暖化的意識？」因而在「保留蜂蜜這樣的好味道」基礎上，創作出這樣一款以蜂蜜為發想的麵包，材料特別選擇台灣最具代表性的大崗山龍眼蜂蜜。或許在20年之後，我們的下一代沒機會體驗到蜂蜜的味道，所以我們必須負起傳承味道的責任，將記憶中的美好滋味延續下去，以麵包的方式呈現，讓大眾吃到美味麵包時，也能認同這樣的理念。

| 作法Methods |

攪拌	麵糰攪拌高粉，鹽，龍眼蜂蜜，水，魯邦硬種慢速2分，加入酵母及BBA，慢速6分，快速20秒。
基本發酵	麵糰攪拌完成7分筋，溫度25度。
分割．滾圓．鬆弛	基本發酵60分，分割350g，滾圓，鬆弛30分。
整形	整形滾圓成圓形。
最後發酵	放帆布最後發酵2.5~3小時。
烤焙	烤前灑裸麥粉，割菱格狀。烤焙220／200，噴蒸氣第一次少量，3分鐘後噴第二次大量，烤28分。

| 成分Ingredients |

材料	%
昭和先鋒高粉	100
龍眼蜂蜜	22
SAF低糖酵母	0.03
SAF BBA	0.1
歐克岩鹽	3.2
水	58
魯邦硬種	50
合計	233.33

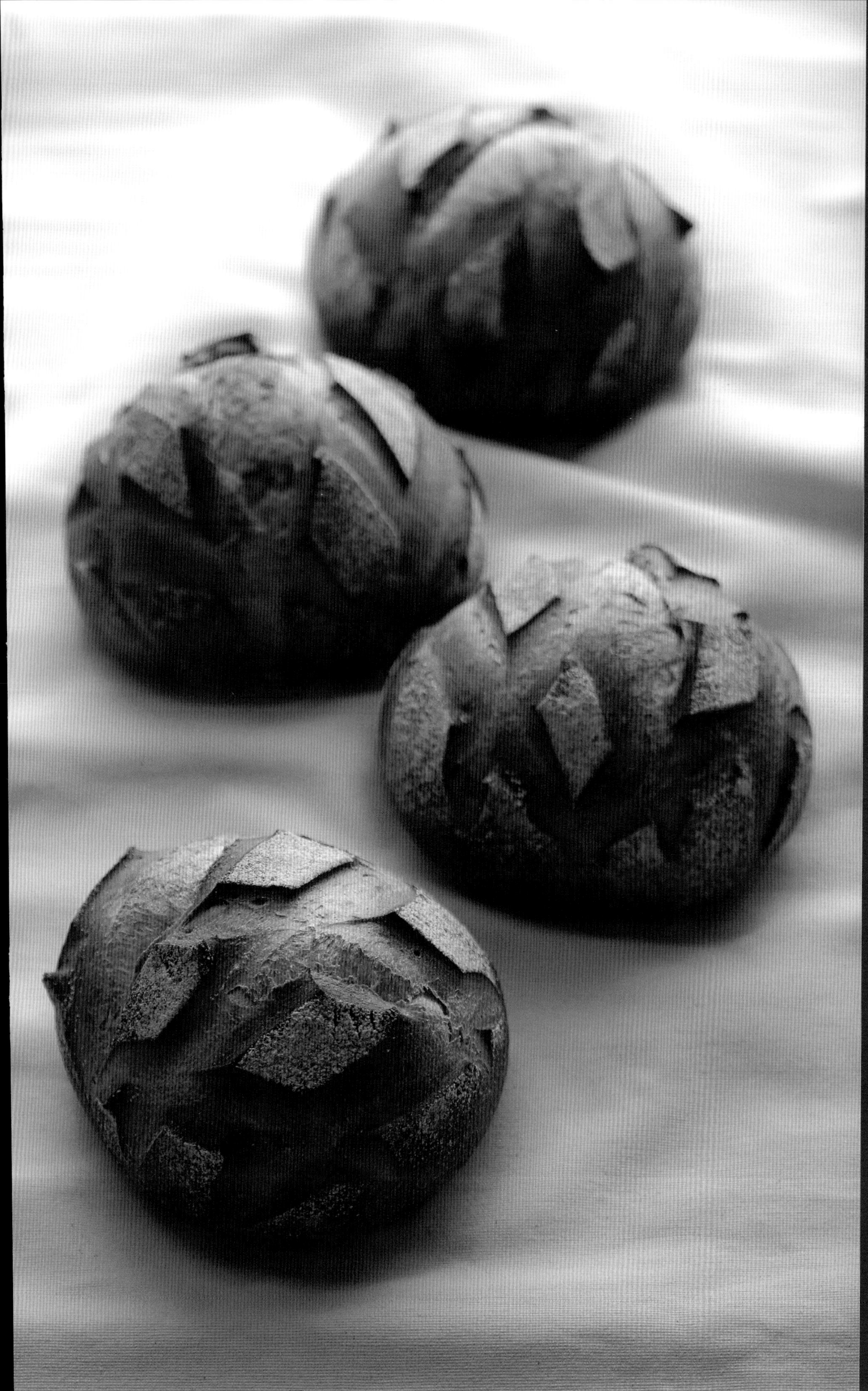

／麵糰慢速攪拌
　2分鐘成糰。

／加入酵母，
　慢速攪拌6分
　鐘，轉快速
　20秒。

／麵糰能拉出
　均勻厚實麵
　筋膜。

／用手拉麵
　糰，非常緊
　實有彈性。

／攪拌完成溫度
　25度，將麵
　糰整理成圓滑
　狀態進行發酵
　60分鐘。

／發酵完成的
　麵糰狀態。

分割,滾圓,鬆弛
▼

／麵糰分割
350g,確實
滾圓收緊,鬆
弛30分鐘。

7

整形
▼

／麵糰整形,再次
滾圓麵糰,盡可
能收緊讓麵筋
強度增強。

8

最後發酵

9

／將底部收口捏緊，排列在帆布上進行
　最後發酵2.5~3小時。

烤焙

▼

╱發酵完成麵糰置於烤箱入爐帆架上，灑
上裸麥粉。

╱用刀片在麵糰表面劃出菱形紋路。

╱入爐烤焙。

蜂蜜土耳其

蜂蜜土耳其是在國內外都看得到的商品，以長時間最後發酵帶出老麵的尾韻。我的配方中特別加添了橄欖油，是為了表現出更多材料搭配出的深層風味，以香氣而論，麵包出爐後會先聞到熟悉的橄欖油氣味，其次才是蒲姜蜂蜜的香甜，會讓人一口接著一口的吃，絲毫不膩口。

| 成分 Ingredients |

材料	%
日清百合花法國粉	100
歐克岩鹽	2.4
新鮮酵母	0.25
SAF BBA	0.1
蒲姜蜂蜜	20
水	50
魯邦硬種	30
特級初榨橄欖油	7
合計	209.75

| 作法 Methods |

攪拌	麵糰攪拌法國粉，鹽，蒲姜蜜，水，魯邦硬種慢速2分，加入酵母及BBA，慢速7分，快速30秒。
基本發酵	麵糰攪拌完成7分筋，溫度25度。
分割‧滾圓‧鬆弛	基本發酵60分，分割500g，滾圓，鬆弛30分。
整形	整形滾圓成圓形。 收口朝上，放入灑裸麥粉的藤籃。
最後發酵	最後發酵3小時。
烤焙	烤前割菱格狀。 烤焙220／200，噴蒸氣第一次少量，3分鐘後噴第二次大量，烤40分。

un ovule de pachyderme
Qu'une montagne accouche d'une souris, le fait est fréquent. Qu'une souris puisse accoucher d'un éléphant est déjà plus déconcertant. C'est pourtant, au sens littéral, ce que préfigure l'expérience de
Le climat des affaires
L'histoire de
La grande mode des récit

/麵糰慢速攪拌
2分鐘成糰。

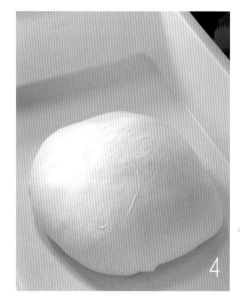

/攪拌完成溫度
25度，將麵
糰整理成圓滑
狀態進行發酵
60分鐘。

/加入酵母，慢
速攪拌7分鐘，
轉快速30秒。

/攪拌完成狀態，
麵筋可拉出均勻
厚膜。

分割，滾圓，鬆弛
▼

╱麵糰分割
500g，麵糰
以摺疊方式
開始滾圓。

5

╱將麵糰確
實滾圓收
緊，鬆弛
30分鐘。

6

整形
▼

╱鬆弛完成麵
糰開始整形
作業。

7

╱以摺疊方式
將麵糰壓緊
實並滾圓。

8

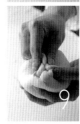

╱麵糰底部收
口捏緊。

9

最後發酵

10

／整形完成的麵糰收口朝上，放入灑好
　裸麥粉的藤籃，並輕壓平底部。

烤焙
▼

11

／最後發酵3小時後，將麵糰從藤籃取出，排列於入爐帆架上。

12

／用刀片在麵糰表面劃出菱形紋路，入爐烤焙。

花神

「做出夢幻且高雅的麵包」是花神配方設計的出發點。有越來越多料理使用各種花卉的味道增添層次，但麵包大多使用果香，而鮮少使用花香，因此花神麵包的目標在「表現極富層次的香氣」，以酸味不重的法國老麵為基底，將玫瑰花、紫羅蘭、洛神花搭配草莓、覆盆子、荔枝酒，並在冷藏15小時的發酵中讓麵糰充分吸收這些味道，創造出輕柔芬芳的香氣。

| 作法Methods |

<table>
<tr><td rowspan="1">攪拌</td><td>草莓乾與洛神花蜜餞切碎稍微浸漬少許荔枝酒30分使其濕潤。
乾燥玫瑰花瓣浸漬微量荔枝酒5分使其濕潤。
麵糰攪拌，法國粉，鹽，荔枝酒，水，法國老麵，慢速2分，加入酵母與BBA，慢速5分，快速2分攪拌至麵糰成糰為止。
麵糰攪拌完成7分筋，加入花瓣與果乾拌勻。
攪拌完成溫度24度。</td></tr>
<tr><td>基本發酵</td><td>基本發酵30分，翻麵，冷藏15小時。</td></tr>
<tr><td>分割‧滾圓‧鬆弛</td><td>麵糰分割1000g，滾圓，鬆弛回溫至16度。</td></tr>
<tr><td>整形</td><td>整形成三角形。放帆布最後發酵80分。</td></tr>
<tr><td>烤焙</td><td>烤前灑裸麥粉，兩邊割斜線，沾水放上玉米碎花形麵糰。
烤焙210／200，噴大量蒸氣，烤50分。</td></tr>
</table>

| 成分Ingredients |

材料	%		材料	%
日清百合花法國粉	55		乾燥玫瑰花瓣	0.15
歐克岩鹽	1.04		乾燥紫羅蘭花	0.07
SAF低糖酵母	0.16		苗栗大湖草莓乾	14
SAF BBA	0.05		合計	177.97
DITA荔枝酒	5			
水	35.5			
法國老麵	55			
冷凍覆盆子	5			
半乾洛神花乾	7			

攪拌
▼

1 ／草莓乾與洛神花乾切成小塊狀，加入少許荔枝酒。

2 ／稍微攪拌，使果乾濕潤，靜置30分鐘。

／麵糰慢速攪拌2分鐘成糰。

3 ／乾燥玫瑰花瓣加入少許荔枝酒。

4 ／稍微攪拌，使玫瑰花瓣濕潤，增強香氣。

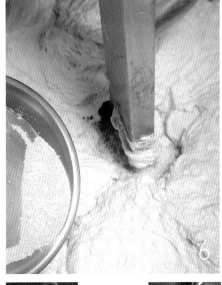

6 ／加入酵母，慢速攪拌5分鐘，轉快速2分鐘。

7 ／麵糰攪拌到能捲起成糰狀。

／加入果乾與覆盆子，慢速攪拌均勻。

8 ／攪拌完成狀態，可稍微拉出麵筋粗膜。

9 ／加入花瓣，慢速攪拌均勻。

基本發酵

11 ╱攪拌完成溫度 24度,將麵 糰整理成圓滑 狀態進行發酵 30分鐘。

12 ╱另取一份較 硬麵糰,以 丹麥壓麵機 壓至0.15公 分厚。

13 ╱噴水,均 勻抹上細 玉米碎。

14 ╱覆蓋塑膠 袋,冷凍鬆 弛一晚。

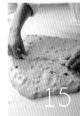

15 ╱發酵30分鐘 之後,麵糰 翻麵。

16 ╱以三折2次方 式翻麵。

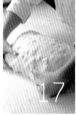

17 ╱確實整理出 光滑表面。

18 ╱麵糰蓋上塑 膠袋防止表 皮乾燥,進 入冷藏冰箱 15小時低溫 發酵。

19 ╱冷藏發酵 過後的麵 糰狀態。

分割，滾圓，鬆弛
▼

/麵糰分割
1000g，摺疊
出光滑表面並
收口，鬆弛回
溫至16度開
始整形。

20

整形
▼

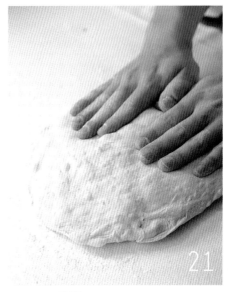

/麵糰整形，將
大氣泡排除。

21

/將2/3麵糰
對折，收口
壓緊。

22

最後發酵 ▼

烤焙 ▼

／另一邊2頭往中心捏，整形成等腰三角形，進行最後發酵90分鐘 **23**

／麵糰置於烤箱入爐帆架上，灑卜裸麥粉。 **29**

／玉米碎的麵糰稍微回溫，開始壓模。 **24**

／覆蓋塑膠袋，冷凍備用。 **27**

／麵糰置於烤箱入爐帆架上，灑卜裸麥粉。 **30** ／用刀片在兩邊劃出2排紋路。

／以花形壓模壓出麵糰。 **25**

／麵糰發酵完成狀態。 **28**

／花形麵糰背面沾水濕潤。 **31**

／壓出的麵糰，注意表面玉米碎是否完整。 **26**

／貼上花形麵糰，入爐烤焙。 **32**

柚香巧克力法國

將法國麵包作麵糰口味上的變化，而類似可可的這種巧克力風味非常適合台灣民眾。選用法國L' Opera可可粉，讓麵糰呈現咖啡偏紅的顏色，做出帶有一絲苦韻的成熟風味，加上巧克力豆所增添的口感，以及糖漬柚子皮帶來清新解膩的效果，是基本又自然的調味搭配。

| 作法Methods |

| 成分Ingredients |

材料	%
昭和CDC法國粉	100
SAF低糖酵母	0.7
SAF BBA	0.1
歐克岩鹽	2
L'Opera 可可粉	6
水	81
法國老麵	30
CAOCOBARY水滴巧克力豆	15
梅原糖漬柚子丁	8
合計	242.8

攪拌　麵糰攪拌，粉類，鹽，法國老麵，水，慢速攪拌2分，加入酵母及BBA，慢速4分，快速2分。攪拌完成加入糖漬柚子丁與巧克力豆拌勻，8分筋，溫度23度。

基本發酵　基本發酵30分，翻麵，30分。

分割‧滾圓‧鬆弛　分割200g，滾圓，鬆弛30分。

整形　整形成長棍狀。

最後發酵　放帆布最後發酵60分。

烤焙　烤前割3刀。
烤焙240／220，噴蒸氣，烤22分。

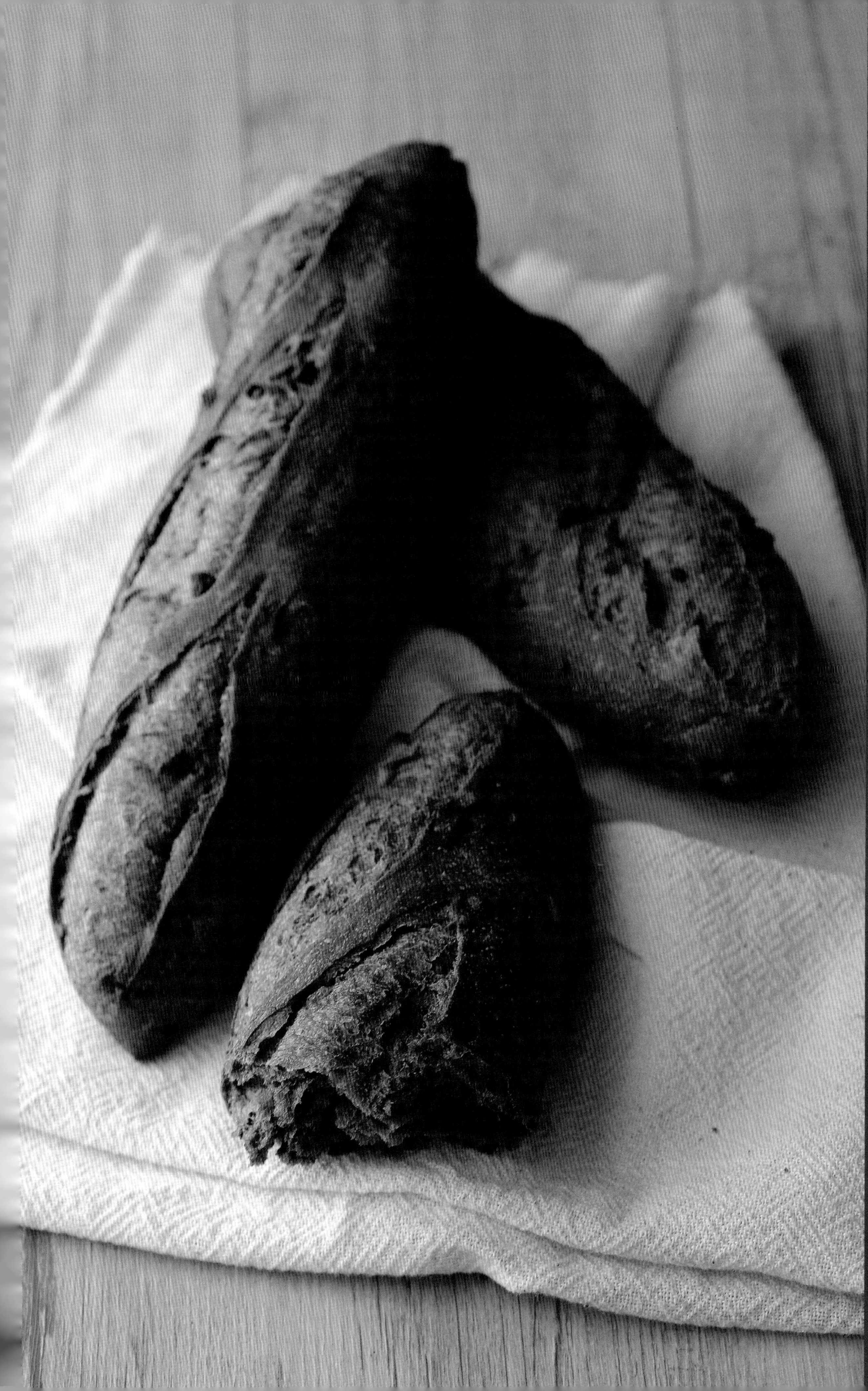

／麵糰慢速攪拌
　2分鐘成糰。
1

／攪拌完成溫
　度23度，將
　麵糰整理成
　圓滑狀態進
　行發酵。
5

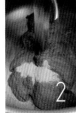

／加入酵母，
　慢速攪拌4分
　鐘，轉快速
　攪拌2分鐘。
2

／發酵30分
　鐘之後進行
　翻麵。
6

／攪拌完成狀
　態，麵筋薄膜
　平滑完整。
3

／翻麵完再發
　酵30分鐘。
7

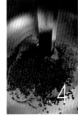

／加入水滴巧克
　力及糖漬柚子
　皮丁，慢速攪
　拌均勻。
4

分割，滾圓，鬆弛

▼

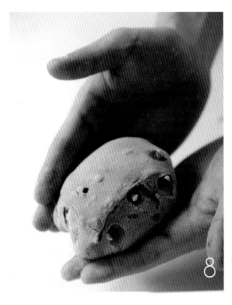

8 ／麵糰分割200g，
輕輕收口滾圓，
鬆弛30分。

整形

▼

9 ／麵糰整形，將
大氣泡排除。

10 ／將一半麵
糰往中心
摺疊。

13 ／整形成長棍狀，
約30公分。

11 ／以拇指為橫
向中心，將
麵糰推回並
固定形狀。

12 ／從中心向
兩邊將麵
糰收口並
搓緊實。

最後發酵

14

／將麵糰排列於帆布上進行最後發酵
60分。

烤焙

▼

15

／發酵完成麵糰置於烤箱入爐帆架上。

16

／用刀片在麵糰表面劃上3刀，入爐
烤焙。

鄉村麵包

這款鄉村麵包配方非常適合製作成各種造型，操作性極佳、麵糰形狀容易控制，且使用了魯邦硬種與水果製成的裸麥硬種搭配，創造出具有層次的發酵風味。鄉村麵包屬於較粗曠的麵包，無論在製作或食用上都充分展現出主食麵包的特性，現在的鄉村麵包多加入商業酵母以縮短製程，酸度不會像米契麵包（Miche）的鄉村那麼酸，較能被現代人的口味接受。

翅膀

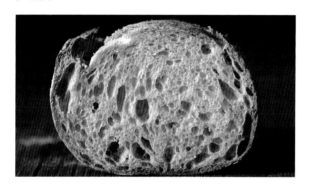

| 成分Ingredients |

材料	%
Grands Moulins de Paris T55	85
日清裸麥粉細挽	15
Euromalt麥芽精	0.2
SAF低糖酵母	0.4
歐克岩鹽	2.2
水	68
魯邦硬種	30
裸麥硬種	10
合計	210.8

| 作法Methods |

攪拌	麵糰攪拌，T55麵粉，裸麥粉，麥芽精，鹽，水，魯邦硬種，慢速攪拌2分，加入酵母，慢速5分，快速1分。 麵糰攪拌完成8分筋，溫度23度。
基本發酵	基本發酵50分，翻麵，40分。
分割，滾圓，鬆弛	分割650g，摺疊滾圓，鬆弛30分。
整形	整形成橄欖形，再桿出兩邊翅膀。
最後發酵	放帆布最後發酵70分。
烤焙	烤前灑裸麥粉，翅膀放紙模並做造型。 烤焙：220／210，噴蒸氣，烤50分。

攪拌

/裸麥硬種沾
粉剁成小塊
狀，以利攪
拌時攪散。

/麵糰慢速
攪拌2分鐘
成糰。

/麵糰能拉出
均勻厚實麵
筋膜，裂口
帶有明顯鋸
齒狀態。

/加入酵母，
慢速攪拌5
分鐘，轉快
速1分鐘。

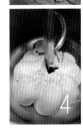

/麵糰攪拌最
終狀態，表
面開始均勻
且光滑。

基本發酵

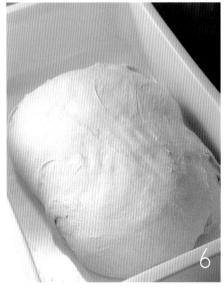

/攪拌完成溫度
23度，將麵
糰整理成圓滑
狀態進行發酵
50分鐘。

/麵糰進行翻
麵作業。

/翻麵完繼續發
酵40分鐘。

/以三折2次
方式翻麵。

/若麵糰彈性
足夠，摺疊
幅度不需太
大以免筋度
過強。

分割，滾圓，鬆弛
▼

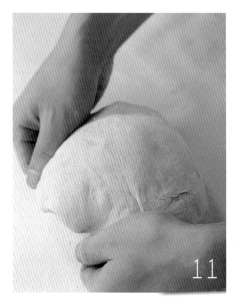

／麵糰分割
650g，輕輕的
摺疊滾圓，鬆
弛30分鐘。 **11**

整形
▼

／麵糰整形，將
大氣泡排除。 **12**

／將一半麵
糰往中心
摺疊。 **13**

／麵糰整形成較
長的橄欖形。 **16**

／上半部麵
糰往中心
摺疊。 **14**

／用手掌下緣
將麵糰收口
推緊。 **15**

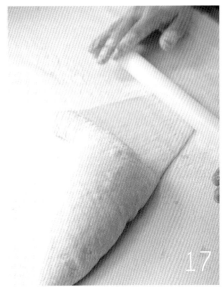

／將麵糰右半
　邊1／4桿成
　扁平形狀。 17

21 ／將桿開麵糰蓋
　　回，並壓著
　　進行最後發酵
　　70分鐘。

18 ／另一邊以
　　相同方式
　　桿扁。

19 ／麵糰左右兩
　　邊桿成相同
　　大小。

20 ／在側緣邊處
　　刷上少許橄
　　欖油。

烤焙

▼

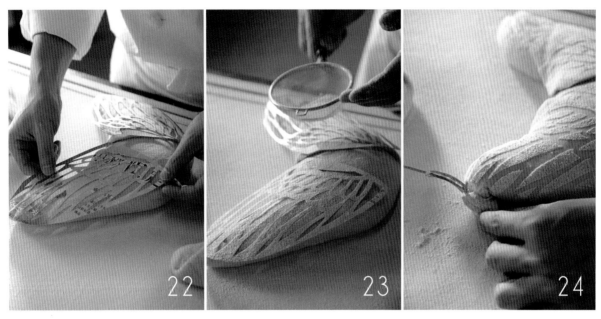

22 ╱麵糰置於烤箱入爐帆架上，放上翅膀造型紙模。

23 ╱灑上裸麥粉。

24 ╱尖頭處折回，用刀片割一刀固定形狀，入爐烤焙。

橄欖形

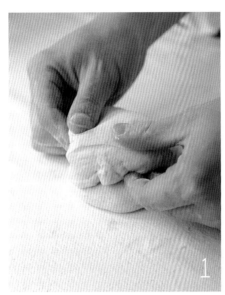

/麵糰分割
200g,輕輕
摺疊,鬆弛
30分鐘。

1

/麵糰整形,將
大氣泡排除。

2

/以輕拍方式
將麵糰摺疊
一半。

3

/上半部麵
糰往中心
摺疊。

4

/用拇指及
手掌下緣
將麵糰收
口推緊。

5

最後發酵 ▼

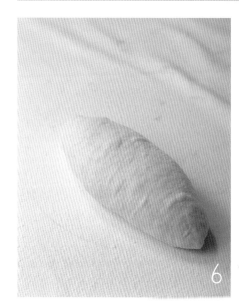

／整形成橄欖
　形，進行最後
　發酵60分鐘。

6

烤焙 ▼

／麵糰置於烤箱
　入爐帆架上，
　灑上裸麥粉。

7

／用刀片在麵糰
　表面劃一刀，
　入爐烤焙。

8

菸盒

／麵糰整形，將
大氣泡排除。1

／麵糰疊回，桿
開部分壓著進
行最後發酵60
分鐘。7

／將一半麵
糰往中心
摺疊。2

／將麵糰前端1
／4壓扁。5

／上半部麵
糰往中心
摺疊。3

／用桿麵棍將
前端桿開。6

／用拇指及
手掌下緣
將麵糰收
口推緊。4

烤焙

8

／麵糰置於烤箱入爐帆架上，灑上裸麥
　粉，入爐烤焙。

雙胞胎

╱麵糰整形，將
　大氣泡排除。

╱將麵糰翻至背
　面，進行最後
　發酵60分鐘。

╱將一半麵
　糰往中心
　摺疊。

╱用桿麵棍將
　中間桿壓出
　凹槽。

╱上半部麵
　糰往中心
　摺疊。

╱注意凹槽處
　不能殘留過
　多麵粉。

╱用拇指及
　手掌下緣
　將麵糰收
　口推緊。

烤焙
▼

8

／麵糰置於烤箱入爐帆架上，灑上裸麥
　粉，入爐烤焙。

辮子橄欖

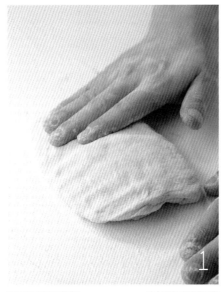

1 ╱麵糰整形，將大氣泡排除。

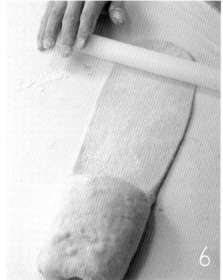

6 ╱將麵糰1／3桿開桿長。

2 ╱以輕拍方式將麵糰摺疊一半。

5 ╱整形成橄欖形。

7 ╱刷上一層薄薄的橄欖油。

10 ╱打3辮辮子。

3 ╱上半部麵糰往中心摺疊。

8 ╱用刀子平均成三分。

4 ╱用拇指及手掌下緣將麵糰收口推緊。

9 ╱平均的切出三等分長條狀。

最後發酵
▼

／最後的辮子收
口壓在麵糰
下，進行最後
發酵60分鐘。

11

烤焙
▼

／麵糰置於烤箱
入爐帆架上，
灑上裸麥粉，
入爐烤焙。

12

短棍

／麵糰分割
200g，輕輕
摺疊，鬆弛
30分。

1

整形

▼

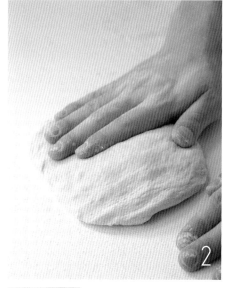

／麵糰整形，將
大氣泡排除。

2

／將一半麵
糰往中心
摺疊。

3

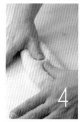

／以拇指為橫
向中心，將
麵糰推回並
固定形狀。

4

／從中心向
兩邊將麵
糰收口並
搓緊實。

5

最後發酵 ▼

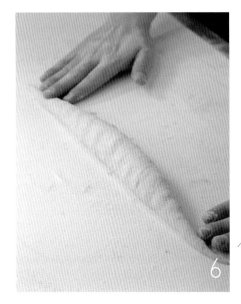

╱整形成棍狀，
兩端搓尖，進
行最後發酵60
分鐘。 6

烤焙 ▼

╱麵糰置於烤箱
入爐帆架上，
灑上裸麥粉。 7

╱用刀片在麵糰
左右兩側劃出
2排刀痕，入
爐烤焙。 8

螺旋形

／麵糰整形，將
　大氣泡排除。

／交錯摺疊成螺
　旋狀，進行最
　後發酵70分。

／將一半麵
　糰往中心
　摺疊。

／用桿麵棍將
　中間桿壓出
　凹槽。

／上半部麵
　糰往中心
　摺疊。

／將麵糰翻至
　背面。

／整形成50公
　分長棍狀。

烤焙
▼

8

／麵糰置於烤箱入爐帆架上，灑上裸麥
　粉，入爐烤焙。

蘑菇

／蘑菇蓋子麵
糰10g，輕輕
滾圓鬆弛。 **1**

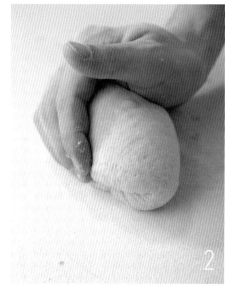

／麵糰整形，確
實滾圓收緊。 **2**

／底部收口
捏緊實。 **3**

／用手指從中
心下壓固定
形狀。 **6**

／蘑菇蓋子麵
糰桿開成扁
圓形。 **4**

／放在滾圓
麵糰上。 **5**

最後發酵 ▼

╱底部朝上進
行最後發酵
60分鐘。

7

烤焙 ▼

╱麵糰置於烤箱
入爐帆架上，
灑上裸麥粉，
入爐烤焙。

8

黃金亞麻子蔓越莓

第一次看到亞麻子蔓越莓麵包，是在Bread&Sweets Book雜誌上由渡邊睦師傅所發表的，而台灣許多麵包店也紛紛開始製作這款相當美味的產品。在我的配方當中，添加了魯邦種，製程上使用隔夜冷藏發酵的方式，希望能將麵糰的酸度明顯呈現出來，亞麻子淡淡的香氣和麵糰的乳酸風味非常和諧，加上蔓越莓的酸甜，能使麵包更加順口。

| 作法Methods |

<table>
<tr><td rowspan="6">攪拌</td><td>亞麻子泡水30分鐘使其吸水。</td></tr>
</table>

攪拌　　　亞麻子泡水30分鐘使其吸水。
麵糰攪拌，法國粉，麥芽精，BBA，鹽，水，魯邦種，慢速2分，加入酵母，慢速4分，快速2分。
麵糰攪拌完成加入泡水亞麻子慢速2分，快速20秒，加入蔓越莓拌勻。
麵糰攪拌完成8分筋，23度。

| 成分Ingredients |

材料	%
昭和CDC法國粉	100
Euromalt麥芽精	0.3
SAF低糖酵母	0.15
SAF BBA	0.1
歐克岩鹽	1.8
水	70
魯邦種	10
黃金亞麻子	30
泡亞麻子用水	30
蜜漬優鮮沛蔓越莓	23
合計	265.35

基本發酵　　基本發酵30分，翻麵，冷藏15小時。

分割，滾圓，鬆弛　　分割300g，摺疊滾圓，回溫至16度。

整形，最後發酵　　整形成橄欖形，放帆布最後發酵70分。

烤焙　　烤前灑裸麥粉，四邊割菱形刀痕。
烤焙240／220，噴蒸氣，烤24分。

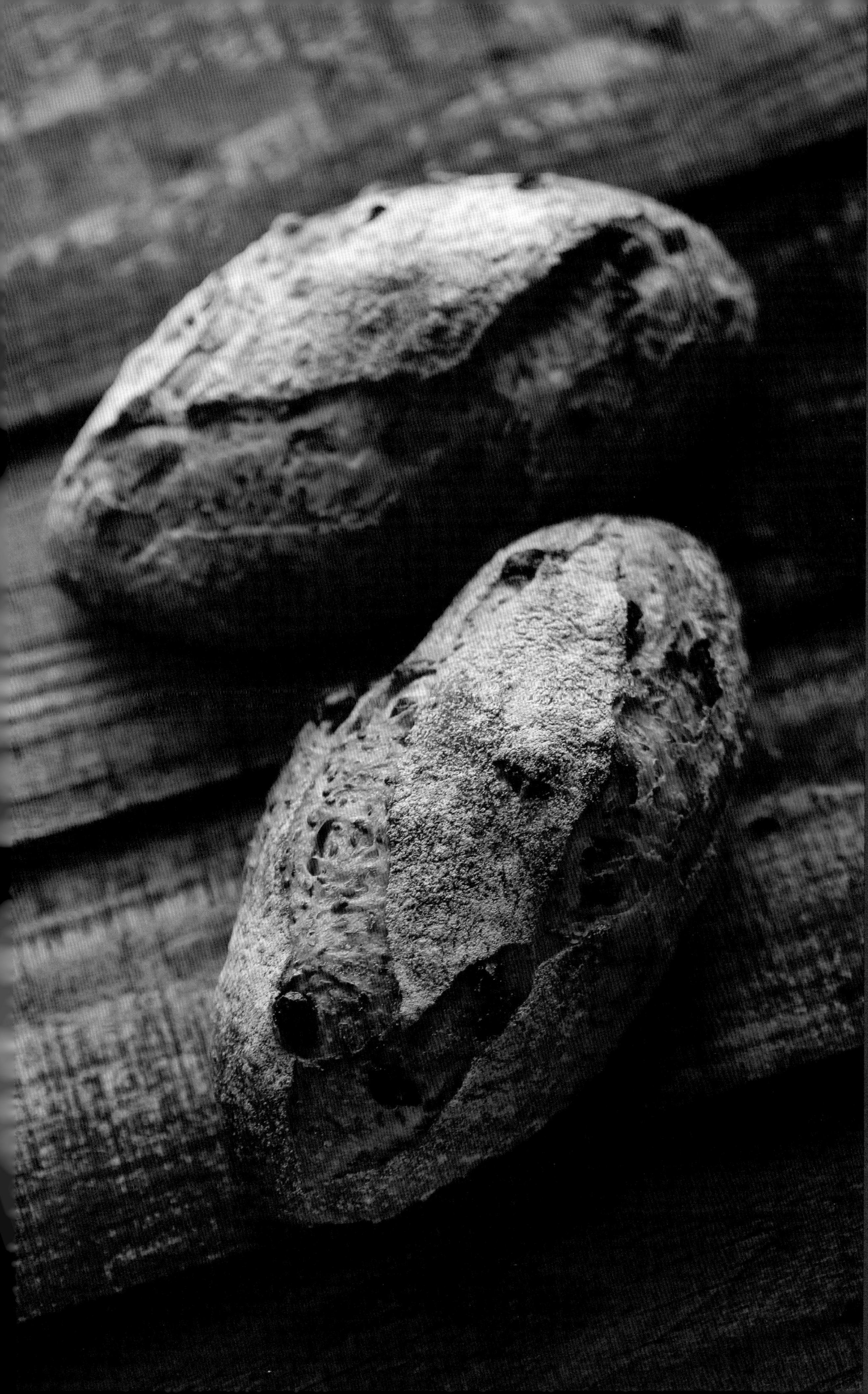

／亞麻子加水，
靜置30分鐘
讓亞麻子吸收
水分。 1

／攪拌完成溫度
23度，將麵糰
整理成圓滑狀
態進行發酵30
分鐘。 8

／亞麻子吸水
後的狀態，
具有黏滑的
觸感。 2

／攪拌完成狀
態，麵筋薄膜
均勻且光滑。 5

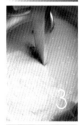

／麵糰進行翻
麵作業。 9

／麵糰蓋上塑膠
袋防止表皮乾
燥，進入冷藏
冰箱15小時低
溫發酵。 12

／麵糰慢速
攪拌2分鐘
成糰。 3

／加入泡水亞麻
子，慢速2分
鐘拌勻，轉快
速20秒。 6

／以三折2次
方式翻麵。 10

／冷藏發酵過後
的麵糰狀態。 13

／加入酵母，
慢速攪拌4分
鐘，轉快速
攪拌2分鐘。 4

／加入蔓越
莓，慢速攪
拌均勻。

／確實整理出
光滑表面。 11

分割，滾圓，鬆弛
▼

/麵糰分割
300g，將麵
糰輕輕摺疊。
14

/麵糰確實收
口，鬆弛回
溫至16度開
始整形。
15

整形
▼

/麵糰整形，將
大氣泡排除。
16

/以輕拍方式
將麵糰摺疊
一半。
17

/將麵糰推緊
收口。
20

/固定麵糰
位置。
18

/上半部麵
糰往中心
摺疊。
19

21

／整形完成，將麵糰排列於帆布上進行
最後發酵70分。

烤焙 ▼

| 22 | 23 | 24 |

／發酵完成麵糰置於烤箱入爐帆架上。 ／麵糰表面灑上裸麥粉。 ／用刀片在麵糰表面劃上菱形紋路，
入爐烤焙。

全麥核桃

材料	%
液種	
百合花法國粉	30
水	30
SAF低糖酵母	0.03

主麵糰	
百合花法國粉	40
日清全麥細粉	30
脫脂奶粉	4
砂糖	4
歐克岩鹽	2
SAF高糖酵母	1
水	32
Lescure無鹽奶油	4
核桃	25
紅酒漬葡萄乾	10
合計	212.03

全麥核桃這項產品的配方已經有25年之久，是一款以粗曠且濕潤口感、濃郁核桃香氣為主要表現的麵包。我則是2007年在穀類研究所實習時學習這款麵包，並成為該年參加國際技能競賽（World Skill competition）的產品之一。配方中使用液種增添發酵氣味，而主麵糰攪拌非常少也是重點，能讓麵糰組織粗糙一些，同時保留多一點水分及香氣在麵糰中，另外最大不同之處是加了砂糖、奶粉與奶油，用意在增進麵包濕潤度與化口性，來彌補攪拌不足的缺點。

| 作法 Methods |

麵種製作	液種麵種攪拌，低糖酵母與水用打蛋器攪拌至酵母溶解。 加入法國粉攪拌均於至沒有粉粒。 麵種攪拌完成溫度25度。 放置25度發酵箱發酵15小時。 液種發酵完成鋼盆邊緣呈現微爆狀。
攪拌	高糖酵母與半量水攪拌溶解。 用半量水將液種刮至攪拌缸內。 麵糰攪拌，法國粉，全粒粉，奶粉，糖，鹽，奶油，酵母水，液種水慢速攪拌8分。 麵糰攪拌完成6分筋，取出表皮部分麵糰，剩餘麵糰加入核桃與葡萄乾拌勻。 攪拌完成溫度22度。
基本發酵	基本發酵60分。
分割‧滾圓‧鬆弛	分割，表皮50g，麵糰350g，滾圓與摺疊，鬆弛30分。
整形	整形，表皮部分桿開，包覆整形成橄欖型的麵糰。
最後發酵	放置帆布上最後發酵60分。
烤焙	烤前灑裸麥粉，割麵糰兩邊成葉子形。 烤焙220／200，噴蒸氣，烤35分。

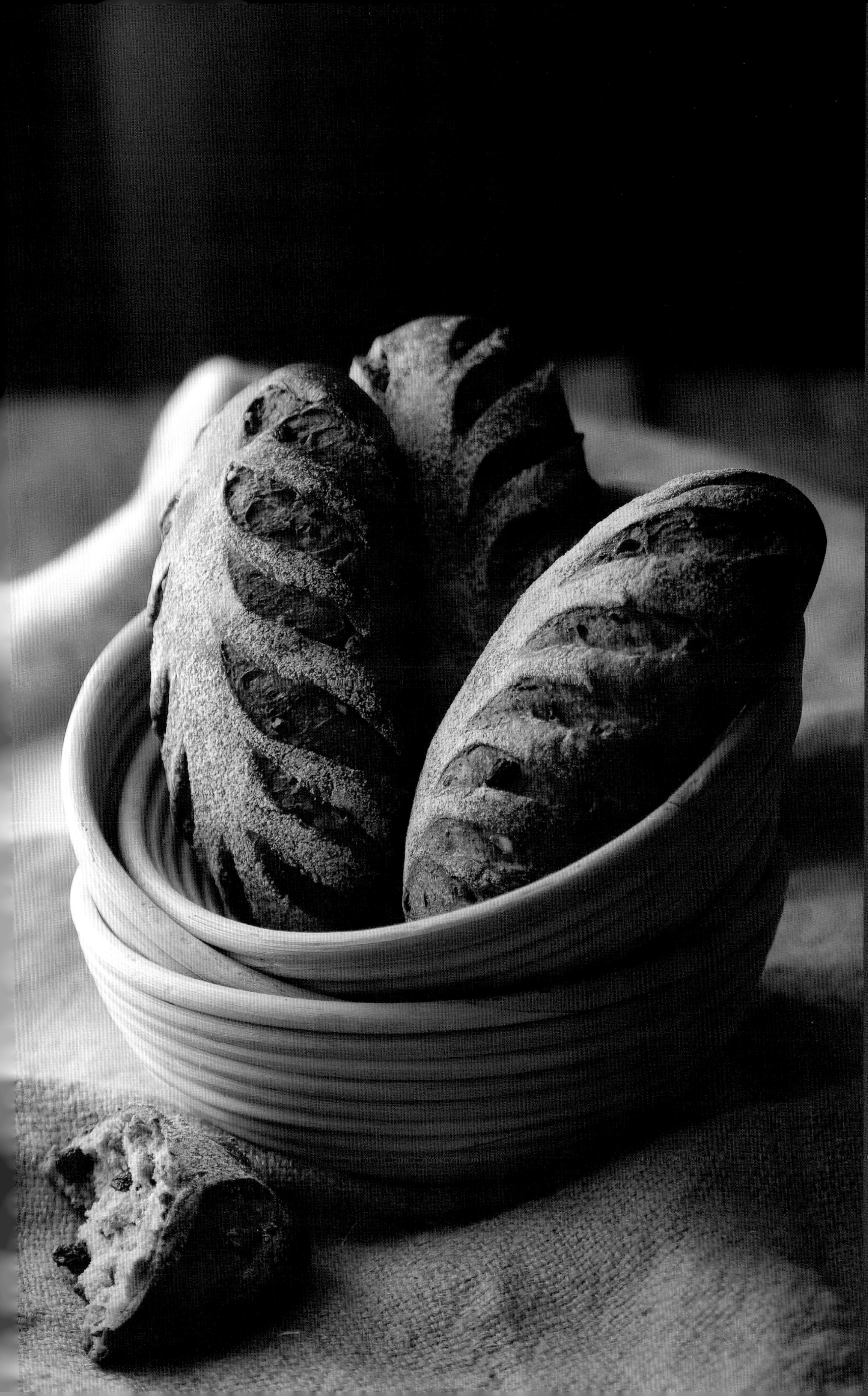

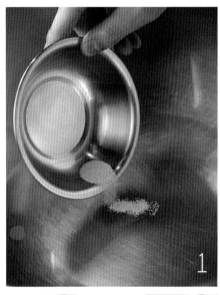

/製作液種，
　將酵母倒入
　水中。
1

/攪拌前取一部
　分水與酵母攪
　散溶解。
6

/確實將酵母
　攪散溶解。
2

/液種發酵完成
　狀態，邊緣有
　些微下陷痕
　跡，具有微酸
　發酵香氣。
5

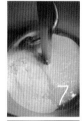

/麵糰攪拌，
　慢速8分鐘。
7

/加入麵粉，攪
　拌均勻至沒有
　明顯粉粒。
3

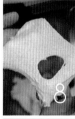

/攪拌完成狀
　態，沒有麵
　筋薄膜，呈
　現粗糙鋸齒
　裂口。
8

/液種放置25
　度溫度，發
　酵15小時。
4

/取出表皮用麵
　糰，剩餘麵糰
　加入核桃及葡
　萄乾慢速攪拌
　均勻。
9

基本發酵
▼

/攪拌完成溫度
22度,將麵
糰整理成圓滑
狀態進行發酵
60分鐘。 **10**

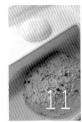

11 /發酵完成的
麵糰狀態。

分割,滾圓,鬆弛
▼

12 /麵糰分割,表
皮麵糰50g,
輕微滾圓。

13 /堅果麵糰分
割350g,
將麵糰輕輕
摺疊。

14 /整理出光滑
表面,鬆弛
30分鐘。

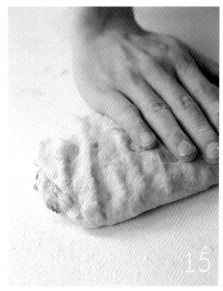

15／麵糰整形，將大氣泡排除。

22／整形成橄欖形，兩端做成圓滑狀，進行最後發酵60分鐘。

16／將一半麵糰往中心摺疊。

19／表皮麵糰桿開。

17／上半部麵糰往中心摺疊。

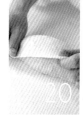

20／表皮麵糰蓋上堅果麵糰。

18／整形成橄欖形。

21／用拇指及手掌下緣包覆麵糰，收口推緊。

烤焙

▼

23

24

／發酵完成麵糰置於烤箱入爐帆架上，
灑上裸麥粉。

／用刀片在麵糰兩側劃上2排刀痕，
入爐烤焙。

66%裸麥的重裸麥麵包

這款麵包有點像是用法國師傅的方式來做德式麵包,將裸麥酸種改成魯邦種,以魯邦種製程的中種會有較溫和的酸味,中種的發酵也較穩定好控制。主麵糰的麵粉選用日清製粉的TERROIR法國小麥粉,較低的蛋白質含量雖然會降低操作難度,但高灰份能讓麵糰具有更高的營養價值與濃郁麥子香氣,而表皮的自然龜裂是這種麵包的最大特色。

| 作法Methods |

麵種製作	魯邦中種攪拌,魯邦種與水攪拌均勻,加入高粉慢速5分攪拌成麵糰。 攪拌完成溫度25度。 28度發酵箱發酵15小時。
攪拌	麵糰攪拌,粉類,鹽,水,魯邦麵糰,慢速2分,加入酵母,慢速3分,快速1分。 攪拌完成至有黏性與彈力,溫度25度。
基本發酵	基本發酵60分。
分割,整形	分割800g,整形滾圓,收口滾圓成漩渦狀,朝下放入灑裸麥粉的藤籃。
最後發酵	最後發酵60分。
烤焙	藤籃取出麵糰,底部收口朝上入爐。 烤焙250/230,噴大量蒸氣,烤50分。

| 成分Ingredients |

材料	%
魯邦中種	
日清傳奇高粉	100
魯邦種	10
水	48
合計	158

主麵糰	
日清TERROIR PUR 法國粉	10
日清裸麥粉細挽	90
歐克岩鹽	2.2
新鮮酵母	1.8
水	71
魯邦中種	55
合計	230

麵種製作

▼

攪拌

▼

／魯邦中種的
攪拌，攪拌
缸內倒入水
及魯邦種。

／麵糰慢速攪拌
成糰加入酵
母，慢速5分
鐘，轉快速1
分鐘。

／加入麵粉慢
速攪拌約5
分鐘。

／中種發酵完成
狀態，手指
戳下周圍稍下
陷，具有濃郁
酸氣。

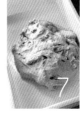

／攪拌完成狀
態，麵糰具有
黏性，但無法
拉出薄膜，溫
度25度。

／中種攪拌完成
狀態，溫度約
25度。

／將中種麵糰
滾圓，以28
度溫度發酵
15小時。

基本發酵

／基本發酵60
分，圖為
發酵後的狀
態，手指壓
的出指痕。

8

分割，整形

／圓形藤籃灑進
裸麥粉。

9

／麵糰分割
800g，立
刻進入整形
作業。

10

／底部朝下放
入藤籃。

13

／用折疊方
式將麵糰
收緊。

11

／將麵糰輕壓，
固定在藤籃內
的形狀。

14

／以滾圓方式
做出底部不
規則紋路收
口。

12

15

／最後發酵60分，麵糰膨脹表面出現些
微氣孔裂痕。

烤焙
▼

16

／發酵完成麵糰裂口朝上置於烤箱入爐
帆架，入爐烤焙。

無花果黑麥

| 成分Ingredients |

材料	%
重裸麥麵糰	1000
紅酒漬無花果乾	200
梅原糖漬柳橙皮丁	30

| 作法Methods |

攪拌　　黑裸麥麵糰攪拌完成，加入切碎無花果與柳橙
　　　　皮丁拌勻。

分割‧整形　　分割400g，整形滾圓，收口滾圓成漩渦狀，朝
　　　　下放帆布最後發酵。

烤焙　　烤前底部收口朝上灑裸麥粉。
　　　　烤焙250／230，噴大量蒸氣，烤25分。

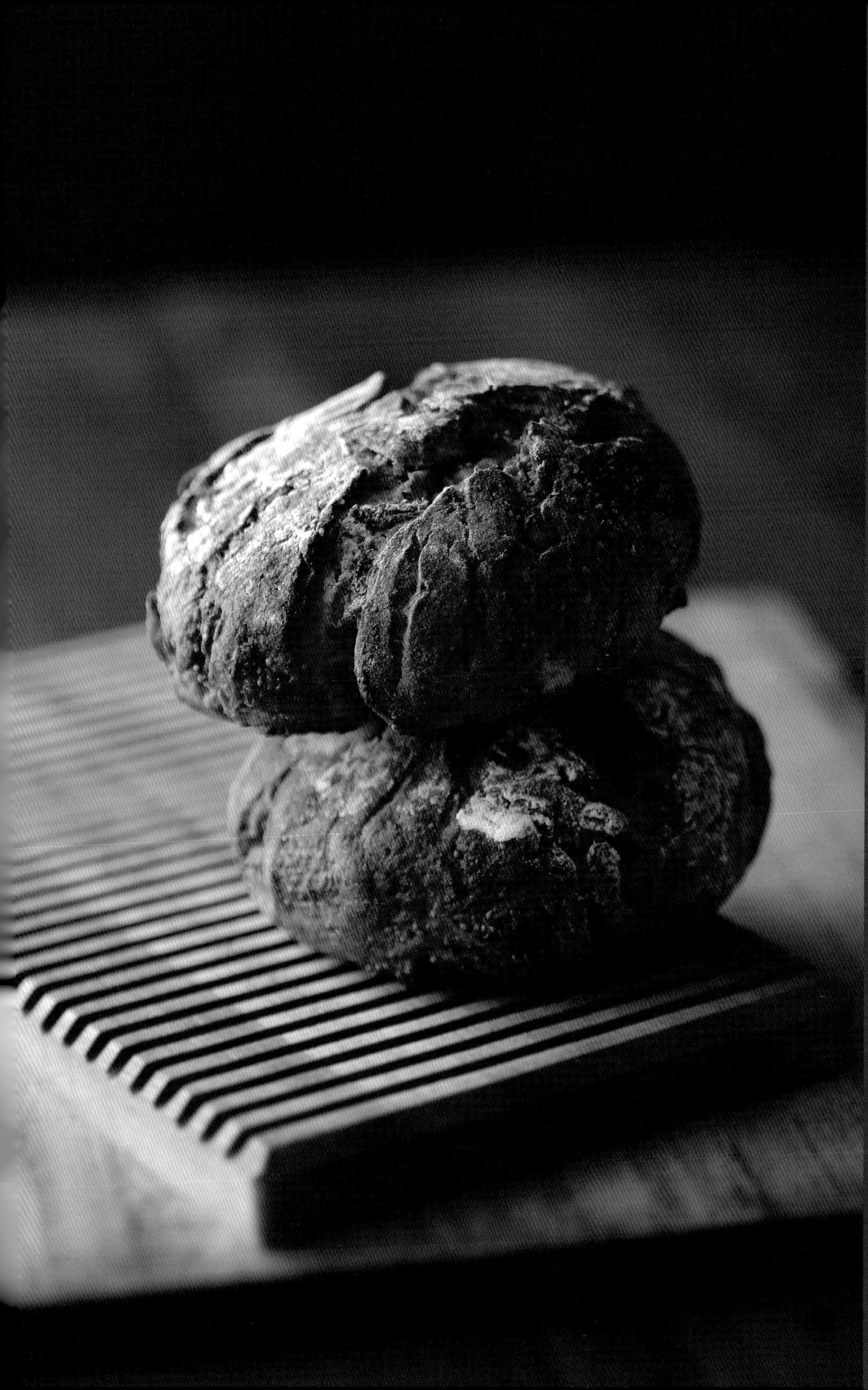

／66%重裸麥麵糰放上無花果乾及柳橙皮丁。

／以切壓方式拌入材料。

／攪拌均勻將麵糰整理成圓滑狀態，進行60分鐘基本發酵。

分割，整形

/麵糰分割
400g，立刻裸
入整形作業。
4

5 /用折疊方式將
麵糰收緊。

6 /以滾圓方式做
出底部不規則
紋路收口。

最後發酵，烤焙

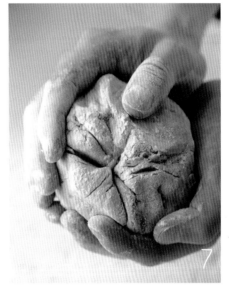

/底部朝下放
在帆布上進
打最後發酵
60分鐘。
7

/發酵完成麵
糰裂口朝上
置於烤箱入
爐帆架，入
爐烤焙。
8

酸裸麥麵包

屬於輕裸麥的德式麵包，捨棄一般用潔白麵粉的操作概念，選用吸水較差的T65增加麵粉味道的比例，雖然比起一般麵糰不易操作，但能呈現相當有差異的酸裸麥麵包風味，非常接近在歐洲吃裸麥麵包的感覺。麵種的使用是裸麥粉培養的裸麥酸種，添加到主麵糰的麵種與平時不斷培養的麵種是一致的，若希望風味強一點，可選擇灰份更高的T150或T170裸麥粉，但灰份太高會使麵種產生苦味，製作出來的麵包也會因此出現較苦的尾韻。

| 作法 Methods |

麵種製作	裸麥種攪拌，裸麥種與水攪拌均勻，加入裸麥粉拌勻。 攪拌完成溫度30度。 30度發酵箱發酵15小時。
攪拌	低糖酵母與部分水攪拌溶解。 麵糰攪拌，所有材料放至攪拌缸內，慢速5分，快速1分。 攪拌完成麵糰有黏性及彈力，溫度27度。
基本發酵	基本發酵30分。
分割，滾圓，鬆弛	分割500g，火焰造型350gX2，滾圓，鬆弛25分。
整形	整形成橄欖型。
最後發酵	放帆布最後發酵70分。
烤焙	烤前灑裸麥粉，割斜線條。 烤焙240／220，噴大量蒸氣，烤40分，火焰造型45分。

| 成分 Ingredients |

材料	%
裸麥種	
日清裸麥粉細挽	100
水	100
裸麥原種	100
合計	300

主麵糰	
日清傳奇高粉	20
Campaillette des Champs T65	67
日清裸麥粉細挽	13
SAF低糖酵母	0.88
歐克岩鹽	2.6
水	48
裸麥種	50
合計	201.48

／製作裸麥
　種，裸麥原
　種、裸麥粉
　及水用刮刀
　攪拌均勻。
1

／即溶酵母加入
　一部分的水，
　攪散溶解。
5

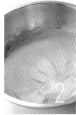

／攪拌完成狀
　態，將表面
　抹平，以30
　度溫度發酵
　15小時。
2

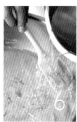

／將水灑在裸
　麥種周圍，
　較容易取出
　裸麥種。
6

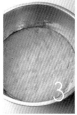

／裸麥種發酵
　完成狀態，
　表面出現裂
　開小氣孔。
3

／麵糰攪拌，慢
　速5分鐘，轉
　快速1分鐘。
7

／裸麥種內部
　會有明顯氣
　孔，具有濃
　郁裸麥發酵
　酸氣。
4

／攪拌完成狀
　態，麵糰有
　黏性及彈性
　但無法拉出
　薄膜。
8

基本發酵
▼

9 ╱攪拌完成溫度27度，發酵30分，圖為發酵後的狀態。

分割
▼

10 ╱麵糰分割500g(火焰造型350gX2)，將收口折疊滾圓。

11 ╱將麵糰確實收緊。

整形
▼

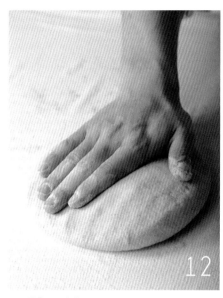

12 ╱麵糰整形,將
麵糰拍平。

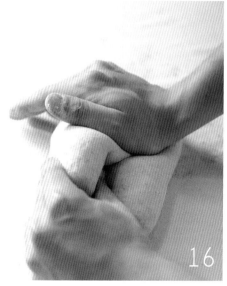

16 ╱用手掌下緣
將麵糰摺疊
緊實。

13 ╱麵糰左右
對折。

14 ╱將一半麵
糰往中心
摺疊。

15 ╱上半部麵
糰往中心
摺疊。

17 ╱再次用手掌
下緣將麵糰
收口壓緊。

18 ╱將麵糰推緊。

19 ╱整形完成狀
態,緊實的
橄欖形。

最後發酵
▼

╱將麵糰排列於
帆布上進行
最後發酵70
分，圖為發酵
好的狀態。

20

烤焙
▼

╱麵糰置於烤箱
入爐帆架上，
灑上裸麥粉。

21

╱用刀片在麵糰
表面斜劃上一
排刀痕，入爐
烤焙。

22

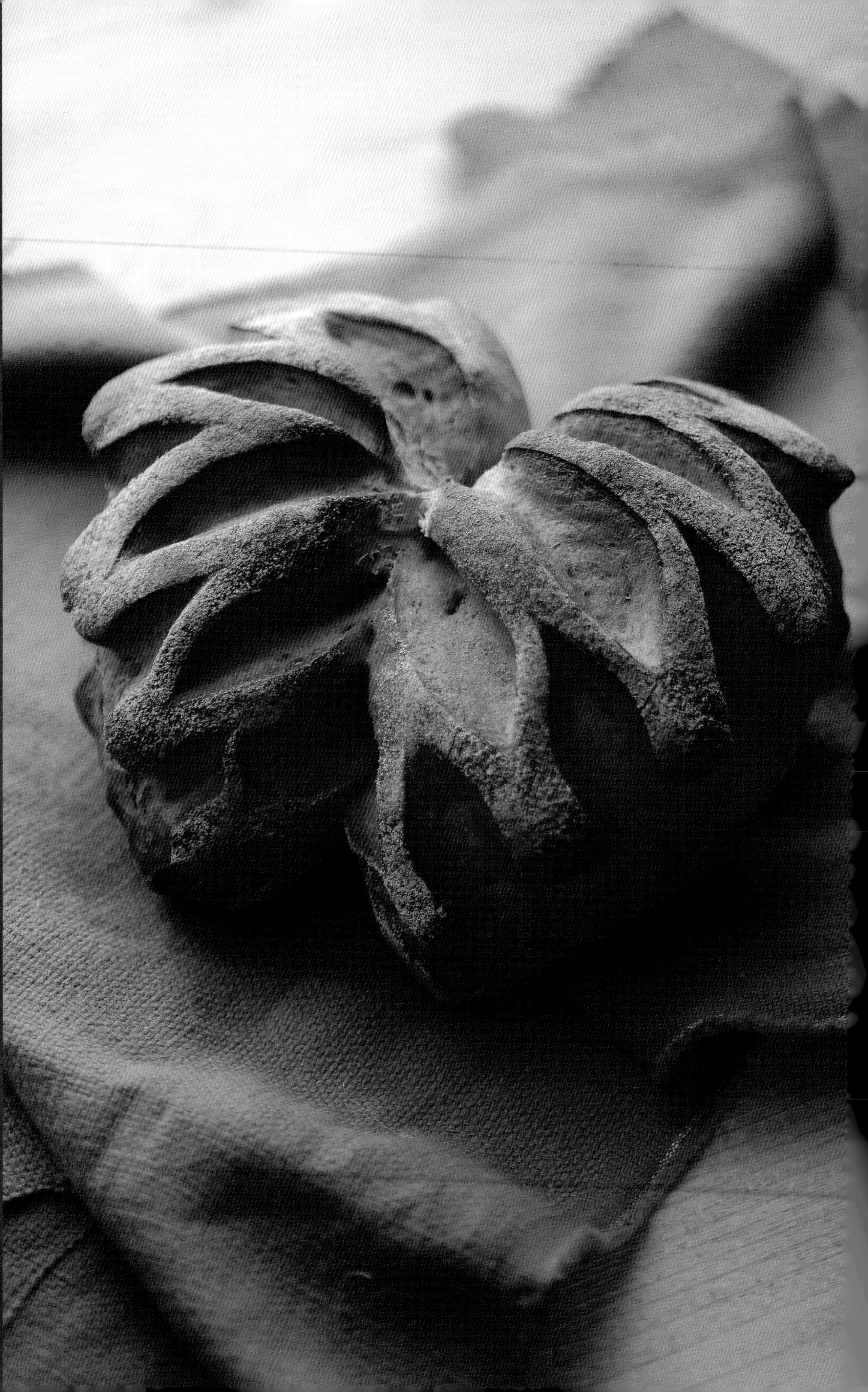

整形

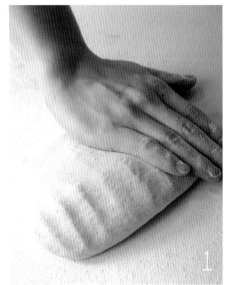

1 /麵糰整形,將麵糰拍平。

2 /將麵糰左半邊往中間折疊。

3 /右半邊麵糰往中間折疊。

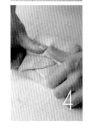

4 /將下半部麵糰往中心摺疊。

5 /上半部麵糰往中心摺疊。

6 /用手掌下緣將麵糰摺疊緊實。

7 /再次用手掌下緣將麵糰收口壓緊。

8 /將麵糰滾成水滴狀。

9 /麵糰表面灑上裸麥粉。

10 /用刀片在兩邊劃出交錯紋路。

／整形完成狀
態，進行最後
發酵70分鐘。

／麵糰側邊刷
上水。

／將兩個麵糰紋
路對齊合併在
一起，置於烤
焙紙上。

／麵糰發酵完
成的狀態。

／麵糰側邊紋路
中間用剪刀剪
出開口。

烤焙

15

／麵糰置於烤箱入爐帆架上，入爐烤焙。

蜂蜜Lodève

蜂蜜Lodève是將傳統的Lodève直接加入薰衣草蜂蜜，除了讓麵包更美味外，還能使Lodève麵包口感更加濕潤，維持更久的水分。此款麵糰的水量加上蜂蜜高達105％，因此攪拌時的後加水要特別注意麵筋強度，每次加水後，必須讓麵筋充分攪拌到加水前的狀態，才能再繼續加水，否則影響到入爐後的烤焙彈性，麵包口感會變得較濕黏，失去空氣填充麵筋的蓬鬆感。

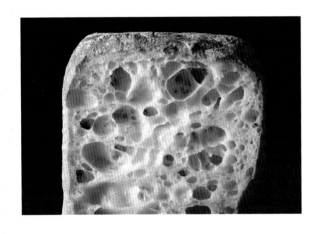

| 作法Methods |

攪拌	麵糰攪拌，法國粉，鹽，薰衣草蜂蜜，水，魯邦硬種，慢速攪拌2分，加入酵母，慢速4分，快速3分。 後加水分3次加入，每次加水後轉慢速，水攪勻再換快速， 攪成糰再繼續加水。麵糰攪拌完成10分筋，溫度22度。
基本發酵	基本發酵60分，翻麵，60分，翻麵，60分。
分割・整形	分割，麵糰拍平，切成正方形，350g。
最後發酵	帆布上灑大量麵粉，放上麵糰最後發酵10分。
烤焙	烤前割四邊菱形刀痕。烤焙220／200，噴大量蒸氣，烤38分。

| 成分Ingredients |

材料	％
日清百合花法國粉	100
SAF低糖酵母	0.2
歐克岩鹽	2.5
薰衣草蜂蜜	15
水	65
魯邦硬種	30
後加水	25
合計	237.7

攪拌
▼

基本發酵
▼

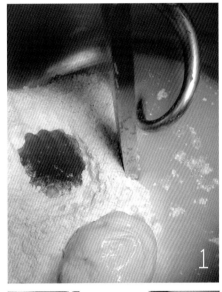

1 /麵糰慢速攪拌
　2分鐘成糰。

2 /加入酵母，
　慢速攪拌4
　分鐘，轉快
　速3分鐘。

5 /麵糰最終狀
　態，麵筋能
　拉出細緻透
　指紋薄膜，
　具有流性。

3 /麵筋能拉
　出均勻細
　緻薄膜。

4 /後加水分3
　次加入，每
　次加入需攪
　拌至成糰有
　彈性再加入
　下次的水。

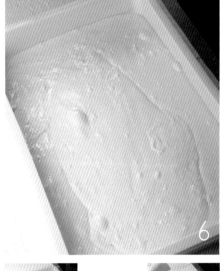

6 /攪拌完成溫度
　22度，將麵
　糰整理成圓滑
　狀態進行發酵
　60分鐘。

7 /發酵後的麵
　糰狀態，表
　面出現許多
　氣泡。

10 /確實整理出光
　滑表面，翻麵
　完繼續發酵60
　分鐘。

8 /麵糰進行翻
　麵作業。

9 /以三折2次
　方式翻麵。

分割，整形

／發酵2小時後
的狀態，麵
糰較之前有
彈件。 **11**

／進行分割作業。 **17**

／麵糰進行第
2次翻麵。 **12**

／發酵完成的麵
糰狀態。 **15**

／將麵糰切成
方形，大約
350g。 **18**

／再次以三
折2次方式
翻麵。 **13**

／取出麵糰，在
桌上輕輕拍
平，灑上大量
麵粉。 **16**

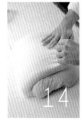

／翻麵摺疊幅
度可大一
些，翻麵後
繼續發酵60
分鐘。 **14**

19

／將麵糰排列於灑上大量手粉的帆布
上，進行最後發酵10分鐘。

烤焙
▼

20

／發酵完成麵糰置於烤箱入爐帆架上，
用刀片劃出菱形紋路，入爐烤焙。

多穀物種子

許多人對於雜糧麵包的印象是又乾又硬、沒有味道、健康與美味無法兼顧,基於這樣的看法,希望製作出營養價值與美味同時具備的雜糧麵包,以一改人們對於雜糧麵包的負面印象。配方中除了混搭裸麥粉及全粒粉,也使用了不同種類的穀物與種子來增加營養價值;隔夜發酵使麵糰更具鬆軟口感,而少量的魯邦種及蜂蜜能帶來更好的保濕效果與迷人香氣,糖漬柳橙皮的使用在於味道上的點綴,讓麵包就算多吃也不至膩口,這樣的麵糰肯定能將雜糧麵包推向全新的製作概念。

| 作法Methods |

攪拌	黃金亞麻子,黑白芝麻拌勻,泡水30分鐘使其吸水。 麵糰攪拌,粉類,麥芽精,鹽,龍眼蜂蜜,水,魯邦種,慢速2分,加入酵母,慢速7分。 麵糰攪拌完成6分筋,取出表皮麵糰,剩餘麵糰加入泡水種子拌勻,再加入堅果與柳橙皮丁拌勻。 攪拌完成溫度25度。
基本發酵	基本發酵30分,翻麵,冷藏15小時。
分割·滾圓·鬆弛	分割表皮150g,麵糰850g,滾圓,鬆弛回溫至16度。
整形	整形,表皮部分桿開,包覆整形成橄欖型的麵糰,表面稍微壓平。
最後發酵	放帆布最後發酵90分。
烤焙	烤前灑裸麥粉,割三排斜刀痕。 烤焙220/200,噴大量蒸氣,烤48分。

| 成分Ingredients |

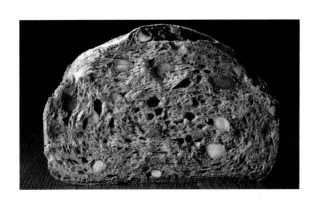

材料	%		魯邦種	10
Grands Moulins de Paris T55	83		黃金亞麻子	14
日清全麥細粉	7		義香熟黑芝麻	2
日清裸麥粉細挽	5		義香熟白芝麻	3
Euromalt麥芽精	0.2		泡種子用水	9
SAF低糖酵母	0.24		切半杏仁粒	12
歐克岩鹽	2.2		核桃	14
龍眼蜂蜜	8		梅原糖漬柳橙皮丁	8
水	62		合計	239.64

攪拌

／黑白芝麻與
亞麻子混合
均勻。

／加入水，
浸泡30分
鐘以上。

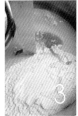

／攪拌完成狀
態，麵筋膜
仍然粗糙，
取出表皮用
麵糰。

／麵糰慢速
攪拌2分鐘
成糰。

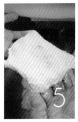

／加入泡過水的
黑白芝麻與亞
麻子，慢速攪
拌均勻。

／加入酵母，
慢速攪拌7
分鐘。

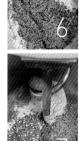

／加入核桃與杏
仁及柳橙皮
丁，慢速攪拌
均勻。

基本發酵

／攪拌完成溫度
25度，將麵
糰整理成圓滑
狀態進行發酵
30分鐘。

／表皮麵糰
翻麵。

／穀物麵糰進行
翻麵。

／使用三折
2次方式
翻麵。

／確實整理出
光滑表面。

分割，滾圓，鬆弛

13 ／使用三折2次方式翻麵，

17 ／麵糰表皮分割150g，滾圓鬆弛。

14 ／確實整理出光滑表面。

15 ／麵糰蓋上塑膠袋防止表皮乾燥，進入冷藏冰箱15小時低溫發酵。

16 ／冷藏發酵過後的麵糰狀態。

18 ／穀物麵糰分割850g，裂口朝上往內摺。

19 ／摺疊麵糰做出光滑表面。

20 ／麵糰進行鬆弛回溫。

整形

21 ／麵糰回溫至16度，開始整型作業。

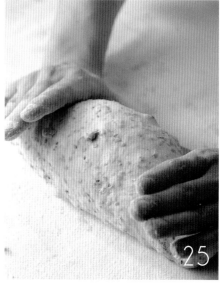

25 ／麵糰整形成橄欖形。

22 ／裂面往內收後，將一半麵糰往中心摺疊。

23 ／上半部麵糰往中心摺疊。

24 ／用手掌下緣將麵糰收口壓緊。

26 ／將表皮麵糰桿開。

27 ／表皮麵糰包覆穀物麵糰。

28 ／將表皮麵糰確實收口並搓緊。

最後發酵
▼

29 ╱整形完成，將
麵糰排列於帆
布上進行最後
發酵90分。

30 ╱發酵完成麵糰
置於烤箱入爐
帆架上。

烤焙
▼

31 ╱麵糰表面灑上
裸麥粉。

32 ╱用刀片在麵
糰表面劃上
三排刀痕，
入爐烤焙。

蜂蜜芝麻棍子

這款麵包是為了2009年香港國際美食大獎賽所設計的配方，希望表現出非常簡單的兩種材食材味道：蜂蜜和黑芝麻。利用棍狀的優點，表現出黑芝麻烤焙過的香氣，以及蜂蜜麵糰的甜味，是非常吸引人、有著簡單而深層香氣的麵包。

| 成分 Ingredients |

材料	%
昭和CDC法國粉	90
日清全麥細粉	10
SAF低糖酵母	0.6
歐克岩鹽	2.4
龍眼蜂蜜	15
水	62
法國老麵	20
義香熟黑芝麻	6
泡芝麻用水	4
合計	210

| 作法 Methods |

攪拌	熟黑芝麻泡水冷藏一晚。 麵糰攪拌，法國粉，全粒粉，鹽，龍眼蜂蜜，水，法國老麵，慢速攪拌2分，加入酵母，慢速4分，快速2分。 麵糰攪拌完成加入泡水黑芝麻拌勻。 攪拌完成8分筋，溫度24度。
基本發酵	基本發酵50分，翻麵，40分。
分割，滾圓，鬆弛	分割250g，摺疊滾圓，鬆弛25分。
整形，最後發酵	整形成長棍型，放帆布最後發酵60分。
烤焙	烤前灑裸麥粉，割一刀。烤焙220／200，噴蒸氣，烤23分。

The Next Generation Of European Bread

/黑芝麻泡水
冷藏一晚。

/攪拌完成溫
度24度，將
麵糰整理成
圓滑狀態進
行發酵。

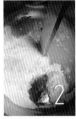

/麵糰慢速
攪拌2分鐘
成糰。

/加入黑芝麻慢
速攪拌均勻。

/發酵50分
鐘之後進行
翻麵。

/加入酵母，
慢速攪拌4分
鐘，轉快速
攪拌2分鐘。

/翻麵完再發
酵40分鐘。

/麵糰攪拌狀
態，麵筋薄膜
裂口帶有些微
鋸齒狀。

分割，滾圓，鬆弛
▼

／麵糰分割
250g，摺疊
收口。 **9**

10 ／將麵糰稍微
收緊。

整形
▼

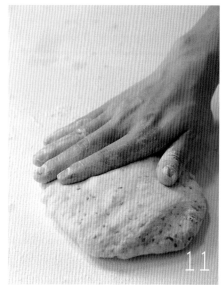

11 ／麵糰整形，將
大氣泡排除。

／將一半麵
糰往中心
摺疊。 **12**

15 ／從中心向兩邊
將麵糰收口並
搓緊實。

／以拇指為橫
向中心，將
麵糰推回並
固定形狀。 **13**

16 ／整形成長棍狀，
約40公分。

／將麵糰向下
收口。 **14**

17

／將麵糰排列於帆布上進行最後發酵
60分。

烤焙
▼

| 18 | 19 | 20 |

／發酵完成麵糰置於烤箱入爐帆架上。　　／麵糰灑上裸麥粉。　　／用刀片在麵糰表面劃上1刀，入爐烤焙。

脆皮吐司

使用葡萄菌水中種麵糰發酵一晚，藉以將水果菌的氣味發揮到最大，有別於市面上用法國老麵製作的脆皮吐司，我的配方更能表現出明顯的發酵香氣，有點類似喝葡萄酒之前那股帶點酒精的熏香。麵包出爐放到隔天再品嘗，酒精的氣味會逐漸消失，轉而變成芳醇的風味，以及少量奶油所帶出的淡淡乳香，是鼻腔感覺的最佳享受。

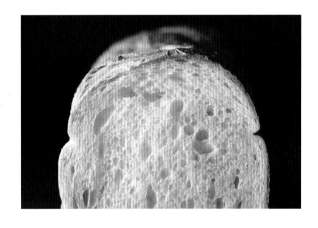

| 作法Methods |

麵種製作
中種麵糰攪拌，材料放入攪拌缸慢速5分攪拌成糰。
攪拌完成溫度25度。
28度發酵箱發酵15小時。
中種發酵完成用手按壓稍微下陷狀態即可。

攪拌
麵糰攪拌，中種，高粉，糖，鹽，水，檸檬汁，慢速2分，加入酵母，慢速2分，快速2分，加入奶油，慢速2分，快速1分半。
攪拌完成8分筋，溫度26度。

基本發酵
基本發酵15分，翻麵，15分。

分割‧滾圓‧鬆弛
分割430gX3，滾圓，鬆弛30分。

整形‧最後發酵
整形滾圓，放入26兩模，32度最後發酵80分至平模。

烤焙
烤前麵糰割3刀。
烤焙170／240，噴大量蒸氣，烤43分。

| 成分Ingredients |

材料	%
中種	
日清SK特高粉	70
葡萄菌水	16
水	24

主麵糰	
昭和先鋒高粉	30
砂糖	4
歐克岩鹽	1.8
新鮮酵母	3
水	22
檸檬汁	1
Lescure無鹽奶油	5
合計	176.8

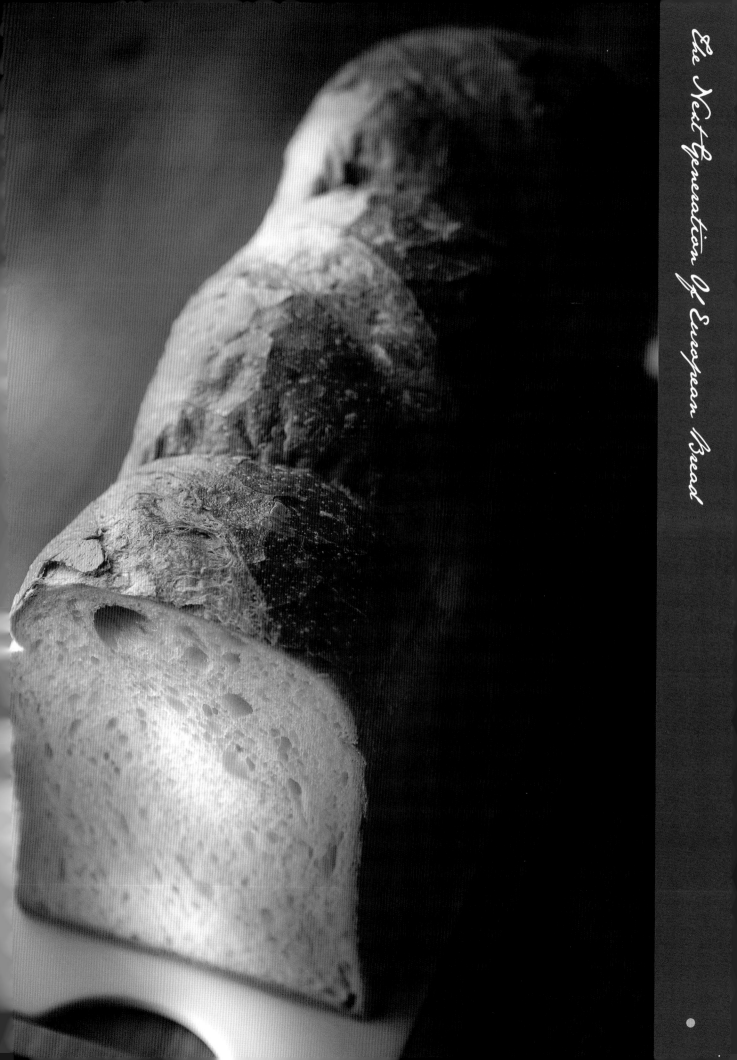

麵種製作 ▼

／中種麵糰攪拌，攪拌缸內放入水及葡萄菌水。 **1**

／放入麵粉，以慢速攪拌5分鐘。 **3**

／中種麵糰發酵完成狀態，指痕周圍麵糰稍微凹陷。 **5**

／將攪拌完成的中種麵糰滾圓收口。 **3**

／中種發酵後的網狀組織結構，具有濃郁發酵菌水香氣與酒味。 **6**

／以28度溫度發酵15小時。 **4**

攪拌 ▼

／麵糰慢速攪拌2分鐘成糰。 **7**

／加入酵母，慢速攪拌2分鐘，轉快速攪拌2分鐘。 **8**

／攪拌完成狀態，麵筋薄膜細緻光滑。 **11**

／加入奶油前麵糰狀態，麵筋有均勻的膜產生。 **9**

／加入奶油，慢速攪拌2分鐘，轉快速1分半鐘。 **10**

基本發酵 ▼

分割，滾圓，鬆弛 ▼

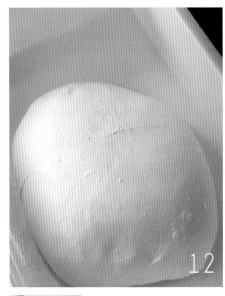

╱攪拌完成溫度
26度，將麵
糰整理成圓滑
狀態進行發酵
15分鐘。

12

╱麵糰分割
430g，滾圓
收口，鬆弛
30分鐘。

15

╱麵糰進行翻麵
作業，三折2次
方式翻麵。

13

╱翻麵完再發酵
15分鐘。

14

整形
▼

最後發酵
▼

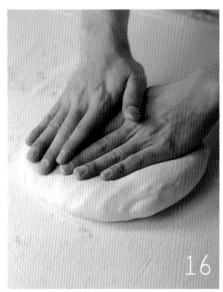

16 ／麵糰整形,將
大氣泡排除。

22 ／麵糰放入大吐
司模內,一條
3個,進行最
後發酵約80
分鐘。

17 ／按壓摺疊
麵糰。

20 ／麵糰收口確
實壓緊。

18 ／一邊折疊
麵糰並持
續排除大
氣泡。

21 ／麵糰整形完
成狀態,緊
實的圓形。

19 ／將麵糰向同
一方向開始
收口,增加
麵筋強度。

烤焙
▼

23

／發酵完成狀態，麵糰高度與烤模
一致。

24

／用刀片在麵糰表面各劃一刀，入爐
烤焙，須噴大量蒸氣。

蜂蜜吐司2013

2013年的台北烘焙展，我受邀到現場使用昭和特級霓虹高粉做示範，突然有了將蜂蜜吐司加入乳酸氣味的靈感。特級霓虹粉灰份極低，猶如白紙，用任何材料劃上一筆都能完整呈現，於是設計出包含魯邦硬種與無糖優格的蜂蜜吐司，能在蜂蜜氣味過後出現一絲乳酸尾韻，讓整體口感更加輕盈。蜂蜜選用台灣的蜜王「厚皮香蜜」，也就是紅柴蜂蜜，其味道強烈持久卻絲毫不膩口，在嘴裡的感受則淡雅無比，能帶給吐司意想不到的迷人風味。

作法Methods	
攪拌	麵糰攪拌，高粉，鹽，奶粉，糖，優格，厚皮香蜜，水，魯邦硬種，慢速2分，加入酵母，慢速5分，快速4分，加入奶油，慢速2分，快速2分。 攪拌完成9分筋，溫度26度。
基本發酵	基本發酵80分。
分割‧滾圓‧鬆弛	分割240gX5，滾圓，鬆弛30分。
整形	整形，用吐司整形機桿捲2次。
最後發酵	放入26兩吐司模，32度最後發酵70分至9分滿。
烤焙	蓋上吐司蓋。 烤焙230／230，烤43分。

| 成分Ingredients |

材料	%		
昭和特級霓虹高粉	100	砂糖	2
歐克岩鹽	1.8	無糖優格	8
新鮮酵母	3	水	59
脫脂奶粉	3	Lescure無鹽奶油	6
厚皮香蜜(紅柴蜂蜜)	20	魯邦硬種	10
		合計	212.8

攪拌

/ 麵糰慢速攪拌
  2分鐘成糰。 **1**

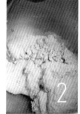

/ 加入新鮮酵
  母，慢速5
  分鐘，轉快
  速4分鐘。 **2**

/ 麵糰攪拌至
  出現光滑表
  面，加入奶
  油，慢速2
  分鐘，轉快
  速2分鐘。 **3**

/ 攪拌完成狀
  態，麵糰有
  均勻薄膜。 **4**

基本發酵

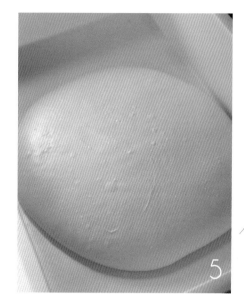

/ 攪拌完成溫
  度26度，將
  麵糰整理成
  圓滑狀態進
  行發酵。 **5**

分割，滾圓，鬆弛
▼

／發酵80分鐘後，分割240g，滾圓。 6

／麵糰放置發酵盒內，鬆弛30分鐘。 7

整形
▼

／以吐司整形機進行整形。 8

／麵糰桿捲第一次，約20公分長條形。 9

／麵糰以相同方向放入大吐司模內，一模放入5個麵糰。 12

／接著桿捲第二次，以條狀方式放入整形機。 10

／麵糰捲成短柱狀。 11

最後發酵

▼

13 ／最後發酵至吐司模的8~9分滿。

烤焙

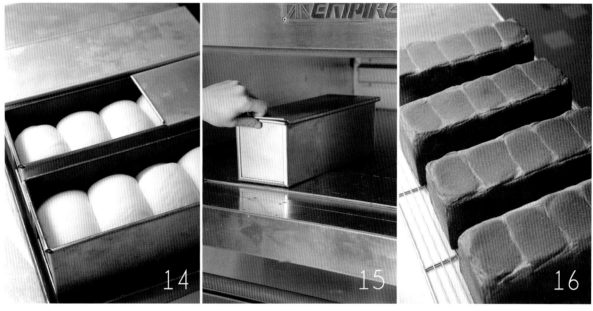

／蓋上吐司蓋。

／吐司入爐烤焙，直接放入爐內，不
需使用烤盤。

／出爐敲擊脫模，蜂蜜吐司烤完色澤
較深，能使表皮具有足夠香氣。

特級柔軟黑糖吐司

材料	%
燙麵種	
日清山茶花高粉	100
砂糖	10
歐克岩鹽	0.5
水	150
合計	260.5

主麵糰	
昭和先鋒高粉	80
歐克岩鹽	1.5
脫脂奶粉	2
新鮮酵母	3
黑糖蜜	5
魯邦種	10
燙麵種	20
台南張錫斌手工黑糖	15
煮黑糖粒用水	20
水	31
Lescure無鹽奶油	12
合計	199.5

黑糖吐司應該是台灣非常具特色的產品，能在許多麵包店發現這款吐司麵包，每個麵包師傅也都有著不同的黑糖吐司配方，甚至在不同的麵包師傅那看到過幾乎相同的配方，普遍程度可見一班。而我使用的黑糖吐司配方，最大特色在於添加魯邦種，目的是加強發酵氣味與軟化麵筋，而燙麵的使用能讓麵筋更容易延展開，保濕效果也非常好，這樣柔軟的吐司麵糰很適合長輩品嘗，易咀嚼是最大的特色之一。材料靈魂「黑糖」則選用台南張錫斌先生的手工熬煮黑糖，品質極佳，風味無可挑剔。

| 作法 Methods |

麵種製作	燙麵種，高粉，糖，鹽，攪拌均勻。 水煮沸後加入拌勻成糰。冷藏一晚。
攪拌	黑糖粒，煮黑糖用水，煮至沸騰黑糖粒融化。 麵糰攪拌，高粉，鹽，奶粉，糖蜜，黑糖水，燙麵種，魯邦種，水，慢速2分，加入酵母，慢速2分，快速7分，加入奶油，慢速2分，快速2分。 攪拌完成10分筋，27度。
基本發酵	基本發酵80分。
分割，滾圓，鬆弛	分割150g X 3，滾圓，鬆弛25分。
整形	整形，麵糰桿開，包入10g黑糖粒，捲成長條狀，打3辮辮子。
最後發酵	放入矮吐司模，在烤箱上最後發酵70分至9分滿。
烤焙	烤前刷上蛋汁。 烤焙170／230，烤22分。

麵 種 製 作

▼

攪 拌

▼

/製作燙麵
種,將麵
粉、砂糖與
鹽混合,接
著沖入沸騰
熱水。

1

/用耐熱刮刀
快速攪拌,
呈現微透明
麵糰狀態,
冷卻後冷藏
一晚。

2

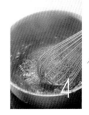

/黑糖粉粒與
水加熱。

3

/邊攪拌並煮至
沸騰沒有黑糖
顆粒,冷卻後
冷藏一晚。

4

/攪拌缸內放入
水與黑糖水,
加入黑糖蜜。

5

6

/加入魯邦種。

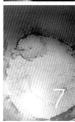

/加入粉類及
燙麵種,慢
速攪拌2分
鐘成糰。

7

/加入酵母,
慢速2分
鐘,轉快速
7分鐘。

8

/加入奶油前麵
糰狀態,有均
勻麵筋膜。

9

/加入奶油,慢
速2分鐘,轉
快速2分鐘。

10

/攪拌完成狀
態,麵筋薄
膜細緻能透
指紋。

11

基本發酵
▼

攪拌完成溫度27度，將麵糰整理成圓滑狀態進行發酵80分鐘。

發酵完成狀態，手指按壓麵糰有明顯指痕。

分割，滾圓，鬆弛
▼

麵糰分割150g，滾圓收口。

麵糰鬆弛25分鐘，圖為鬆弛後的狀態。

最後發酵

▼

/麵糰整形,桿
開後放上黑糖
粉粒。 16

/放入矮的吐
司模內,放
在烤箱上方
進行最後發
酵70分鐘。 20

17 /將麵糰捲起
成條狀。

18 /將麵糰3條
排列,開始
打成辮子。

19 /打成3辮的
辮子。

烤焙 ▼

21

／發酵完成狀態，高度至烤模的9分滿。

22

／麵糰表面刷上蛋汁，入爐烤焙，直接放入爐內，不需使用烤盤。

阿爾薩斯白酒吐司

看過不少使用紅酒製作而成的麵包，但市面上卻找不到用白葡萄酒做的麵包，原因大概出在麵包師傅對酒的不了解，導致許多白酒加入麵糰卻達不到明顯的效果。這款吐司選擇了法國阿爾薩斯Hugel酒莊2011年的白酒，葡萄品種是Gewurztraminer，最大的特色是酒體帶著荔枝、玫瑰、白桃與蜂蜜香氣，加進麵糰後，完全使用慢速攪拌，讓麵筋在不受壓迫緩慢情況下形成，能充分鎖住白酒的香氣，因此雖然攪拌時間特別長，但放置到隔天，麵包依然濕潤充滿白酒芳香。

| 作法Methods |

攪拌	麵糰攪拌，高粉，糖，鹽，白酒，水，法國老麵，慢速2分，加入酵母，慢速15分，加入奶油，慢速8分。 麵糰攪拌完成，加入白葡萄乾拌勻，溫度26度。
基本發酵	基本發酵40分，翻麵，40分。
分割，滾圓，鬆弛	分割680g，滾圓，鬆弛40分。
整形	用手整形成大橄欖型。
最後發酵	放入12兩吐司模，32度最後發酵90分至平模。
烤焙	烤前割斜線，刷蛋汁。 烤焙170／240，烤35分。

| 成分Ingredients |

材料	%			
日清特級山茶花高粉	100	水	30
新鮮酵母	3	法國老麵	20
砂糖	6	Lescure無鹽奶油	12
歐克岩鹽	1.8	白酒漬白葡萄乾	25
Alsace Hugel Gewurztraminer 2011	40	合計	237.8

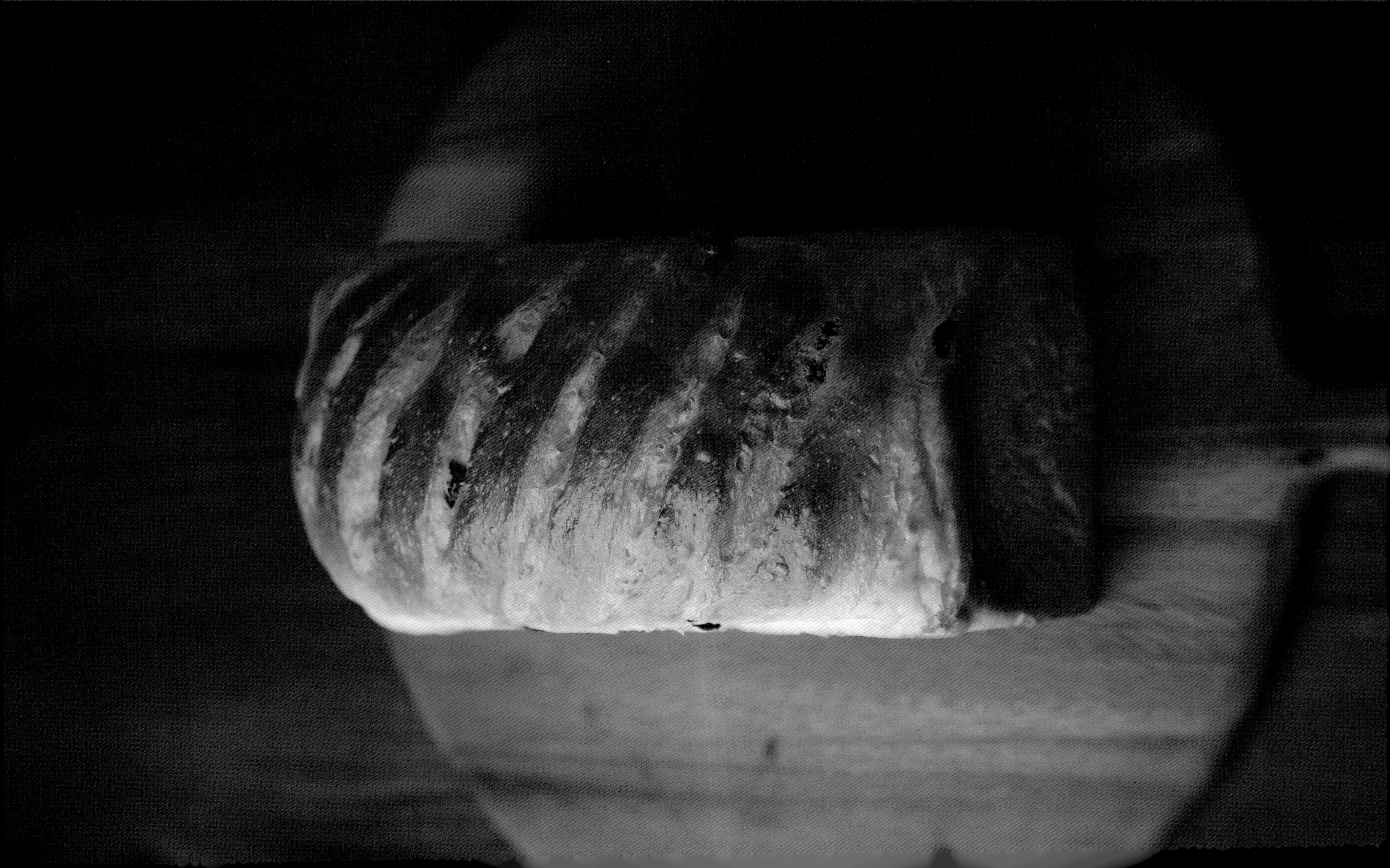

／麵糰慢速攪拌
2分鐘成糰。
1

／攪拌完成溫度
26度，將麵
糰整理成圓滑
狀態進行發酵
40分鐘。
7

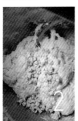

／加入酵母，
慢速攪拌15
分鐘。
2

／麵糰攪拌完
成狀態，麵
筋薄膜均勻
且細緻。
5

／麵糰進行翻
麵作業。
8

／加入奶油前
的狀態，麵
糰有均勻的
膜產生。
3

／加入白葡萄
乾以慢速攪
拌均勻。
6

／以三折兩次
方式翻麵。
9

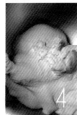

／加入奶油，
慢速攪拌8
分鐘。
4

／翻麵完再發
酵40分鐘。
10

分割，滾圓，鬆弛
▼

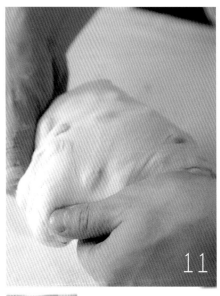

/麵糰分割 680g，將麵 糰折疊出光 滑表面。 **11**

12 /用手將麵糰 收口收緊。

13 /麵糰進行40 分鐘鬆弛。

整形
▼

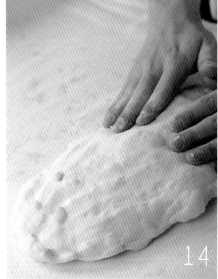

/麵糰弊形，將 大氣泡排除。 **14**

/將一半麵 糰往中心 摺疊。 **15**

/麵糰整形完成 狀態，包覆許 多氣泡在內的 橄欖形。 **18**

/上半部麵 糰往中心 摺疊。 **16**

/用手掌下緣 將麵糰收口 壓緊。 **17**

／將整形完成的麵糰放入短吐司模內，
進行最後發酵約90分鐘。

／發酵完成的麵糰狀態，約吐司模高
度9分滿。

烤焙
▼

／用刀片在麵糰表面斜劃上一排刀痕。

／刷上蛋汁，入爐烤焙，直接放入爐
內，不需使用烤盤。

芳醇紫米吐司

本書唯一使用當天發酵的中種製程，特別適合麵包店的生產。中種的製作方法能有效降低吐司常有的酵母味，轉而得到更芳醇的發酵香，紫米與蜂蜜混合拌勻，讓米粒被蜂蜜均勻包覆，加進麵糰後才不會變的乾硬。麵糰混進紫米會帶有偏紫的色澤，除了味道考量外，麵包剖面的賣相也很吸引人。

| 作法Methods |

攪拌	紫米煮熟，冷藏備用，使用前加些許蜂蜜攪拌開。中種攪拌，高粉，鹽，水，奶油，慢速2分，加入酵母，慢速4分攪拌完成溫度25度。28度發酵箱發酵3~3.5小時。 中種發酵完成用手按壓稍微下陷狀態即完成可使用。 麵糰攪拌，高粉，糖，鹽，水，中種，慢速4分，快速5分，加入奶油，慢速2分，快速1分。攪拌完成8分筋，加入紫米，芝麻，核桃，蔓越莓攪拌均勻，溫度26度。
基本發酵	基本發酵10分。
分割·滾圓·鬆弛	分割230g×5，滾圓，鬆弛30分。
整形	整形，吐司整形機桿捲2次，放入26兩吐司模。
最後發酵	32度最後發酵80分。
烤焙	烤前刷蛋汁。 170／240，烤42分。

| 成分Ingredients |

材料	%
中種	
日清SK特高粉	70
歐克岩鹽	0.2
新鮮酵母	2.5
水	42
Lescure無鹽奶油	2

主麵糰	
昭和霓虹高粉	30
砂糖	8
歐克岩鹽	1.6
新鮮酵母	0.3
水	22
Lescure無鹽奶油	5
熟紫米	10
義香熟黑芝麻	3
核桃	10
蜜漬優鮮沛蔓越莓	5
合計	206.6

攪拌

/ 紫米煮熟冷
卻後,加入
蜂蜜。 1

/ 攪拌均勻,
讓米粒均勻
吸收蜂蜜。 2

/ 中種麵糰攪
拌,慢速5
分鐘。 3

/ 中種攪拌完
成狀態,以
28度溫度
發酵3~3.5
小時。 4

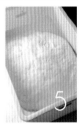

/ 中種發酵完成
狀態,體積膨
脹約4倍大。 5

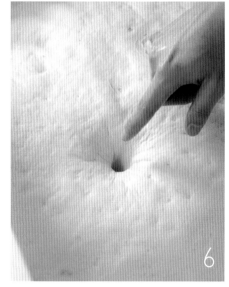

/ 以手指按壓中
種,指痕周圍
稍微凹陷。 6

/ 麵糰慢速攪
拌4分鐘,
轉快速攪拌
5分鐘。 7

/ 加入黑芝麻、
蔓越莓、核桃
以及紫米,慢
速攪拌均勻。 10

/ 加入奶油,
慢速2分
鐘,轉快速
1分鐘。 8

/ 攪拌完成狀
態,麵筋有均
勻薄膜產生。 9

基本發酵

▼

／攪拌完成溫度
26度，將麵
糰整理成圓滑
狀態進行發酵
10分鐘

11

分割，滾圓，鬆弛

▼

／麵糰分割
200g，滾圓

12

／鬆弛30分，
圖為鬆弛完
成狀態。

13

整形

最後發酵

14 / 以吐司整形機進行整形。

19 / 最後發酵約80分鐘，圖為發酵好的狀態，發酵至吐司模的8~9分滿。

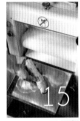

15 / 麵糰桿捲第一次，約20公分長條形。

18 / 麵糰以相同方向放入大吐司模內，一模放入5個麵糰。

16 / 接著桿捲第二次，以條狀方式放入整形機。

17 / 麵糰捲成短柱狀。

烤焙
▼

20

／刷上蛋汁，入爐烤焙，直接放入爐
內，不需使用烤盤。

布里歐餐包

或許是因為身處熱帶國家，台灣人對於像布里歐這樣高油量的麵包並不習慣，抱著這樣的背景，我希望能做出更清爽不膩口的布里歐麵糰。經過無數次的嘗試，發現在麵糰中添加一般不會加的優格，配上魯邦種，能讓布里歐具有輕柔乳酸風味，明顯減少奶油在嘴裡的感受量，如此成了既有濃郁奶油香氣、又有乳酸氣味的輕盈口感，可算是前所未見的布里歐。

| 作法 Methods |

攪拌	麵糰攪拌高粉，糖，麥芽精，蛋，蛋黃，優格，牛奶慢速2分攪拌成糰，放入冷藏30分鐘進行自我分解。 麵糰加入鹽，酵母及魯邦種攪拌，慢速3分，快速3分，分3次加入奶油，加入後慢速拌勻，快速1分，再下次，第三次慢速拌勻，快速2分。 攪拌完成10分筋，溫度24度。
基本發酵	基本發酵60分。
分割‧滾圓‧鬆弛	分割35g，滾圓，冰箱冷藏12小時以上。
整形	整形成橄欖型。
最後發酵	放烤盤28度發酵箱最後發酵90分。
烤焙	烤前刷蛋汁，用剪刀剪出一排鋸齒，灑上珍珠糖。烤焙240／180，烤6分。

| 成分 Ingredients |

材料	%	蛋黃	30
日清山茶花高粉	100	含糖優格	20
砂糖	7	鮮奶	5
歐克岩鹽	2	魯邦種	10
Euromalt麥芽精	0.3	Lescure無鹽奶油	50
新鮮酵母	3.5	合計	237.8
全蛋	10		

／優格、牛奶、全
　蛋及蛋黃加入攪
　拌缸內，用打蛋
　器攪散。

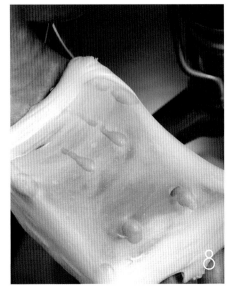

／麵糰有透指
　紋的細緻麵
　筋薄膜，麵
　糰溫度24
　度，進行發
　酵60分鐘。

8

／加入麵粉、
　糖與麥芽
　精，慢速攪
　拌2分鐘成
　糰。

2

／加入鹽、酵
　母及魯邦
　種，慢速3分
　鐘，轉快速3
　分鐘。

5

／攪拌成糰狀
　態，麵糰乾
　硬粗糙。

3

／麵糰具有彈
　性，開始有麵
　筋薄膜產生。

6

／蓋上塑膠袋
　防止乾燥，
　放入冷藏冰
　箱進行自我
　分解30分
　鐘。

4

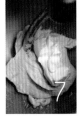

／分3次加入奶
　油，每次等奶
　油拌勻後轉快
　速1~2分。

7

分割，滾圓，鬆弛

／餐包分割重量
35g，將麵糰
確實滾圓，

9

／麵糰有間隔
的排列在鋪
了塑膠袋的
烤盤上，蓋
上塑膠袋。

10

／塑膠袋確實
封緊麵糰防
止乾燥，進
入冷藏冰箱
15小時低溫
發酵。

11

整形

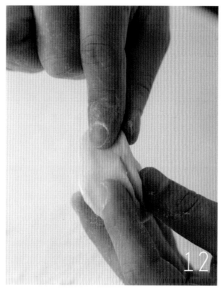

／麵糰整形，將
冷藏發酵過的
麵糰底部收口
捏緊，

12

／將麵糰
桿開。

13

／邊收口捲起邊
將麵糰折成橄
欖形。

16

／以指尖開
始將麵糰
收捲起。

14

／收口處麵糰
確實壓緊。

15

17

／麵糰收口捲完輕滾成一致厚度，進行
最後發酵90分鐘。

烤焙

▼

／發酵完成，麵糰刷上蛋汁。

／用剪刀斜45度方式，剪出一排鋸齒
刀口。

／刀口裂開處灑上細珍珠糖粒，入爐
烤焙。

覆盆子布里歐

材料	%
布里歐麵糰	100
Lescure無鹽奶油	適量
砂糖	適量
冷凍覆盆子	6顆

| 作法 Methods |

分割・滾圓・鬆弛	布里歐麵糰分割100g，滾圓，冷藏12小時以上。
整形	整形，桿成扁圓形，刷上奶油。
最後發酵	放烤盤28度發酵箱最後發酵45分。
烤焙	烤前麵糰戳洞，放上覆盆子，灑上砂糖。 烤焙240／180，烤7分。 出爐立刻刷上奶油。

分割，滾圓，鬆弛

▼

／布里歐麵糰分
割100g，冷
藏後收口捏
起，沾上麵粉

整形

▼

／將麵糰桿開成
圓形。

／整形完成麵
糰排列於烤
盤上。

最後發酵
▼

／刷上奶油，進
行最後發酵
45分鐘。 **4**

烤焙
▼

／發酵完成
後，壓上冷
凍覆盆子。 **5**

／覆盆子平
均壓放在
麵糰上。 **6**

／灑上砂
糖，入爐
烤焙。 **7**

／出爐後趁
熱再次刷
上奶油。 **8**

巴黎午後的咖啡檸檬

準備參加2011年Mondial du Pain之前，我思索著如何做出歐洲人既熟悉又創新的味道，因此想起了旅行時在巴黎香榭大道的下午，陽光灑落街道旁，行人來來往往，我坐在一旁啜飲著濃縮咖啡，配上酸味強烈又香甜的檸檬塔，這樣的巴黎印象就成了這道作品的由來。後來在里昂的比賽中，許多MOF師傅和德國與比利時評審，特別對我說喜歡這樣的口味搭配，讓他們有很驚艷的味覺體驗。

| 成分 Ingredients |

材料	%
布里歐麵糰	75
咖啡克林姆餡	15
梅原糖漬檸檬皮丁	15
核桃碎	5

裝飾	
杏桃果膠	適量
防潮糖粉	適量
糖漬檸檬片	1／4片
咖啡豆	4粒

| 作法 Methods |

整形
麵糰桿開成長方形，橫切一半。分別擠上咖啡克林姆餡，擺上核桃碎，折起，再放入檸檬皮丁，收口。
兩條收口完的麵糰捲成螺旋形，放入小水果蛋糕烤模。

最後發酵
28度發酵箱最後發酵80分至8分滿。

烤焙
蓋上烤焙布及烤盤。
烤焙220／210，烤15分。

裝飾
出爐後趁熱刷上大量檸檬糖漿。
冷卻後刷上果膠，灑上防潮糖粉。
放上糖漬檸檬片與咖啡豆裝飾。

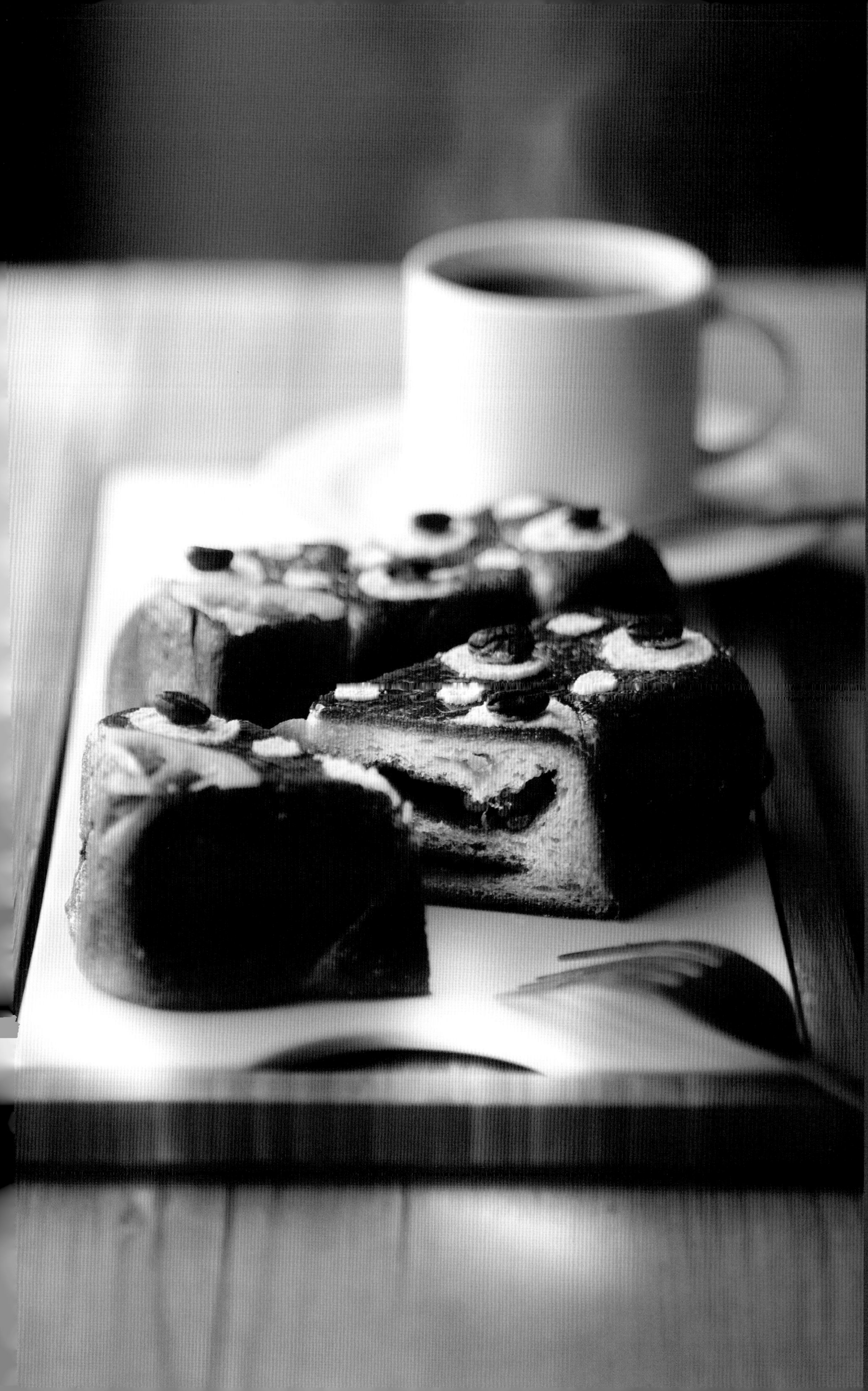

整形

1 /布里歐麵糰分割75g，冷藏後收口捏起，沾上麵粉。

2 /麵糰桿開成長方形。

3 /從中切一半。

4 /排列在鋪了塑膠袋的烤盤上。

5 /蓋上塑膠袋防止乾燥，冷藏20分鐘讓麵糰定形。

6 /麵糰頂端擠上咖啡克林姆餡。

7 /在咖啡克林姆餡放上核桃碎。

8 /將麵糰捲起包住餡。

9 /收口處放上糖漬檸檬皮丁。

10 /將麵糰再次捲起收口，成長條狀。

11 /兩個條狀麵糰交錯捲成螺旋狀。

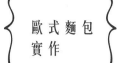
最後發酵
▼

／放入小水果
蛋糕烤模，
進行最後發
酵80分鐘。

／發酵到烤模的
7分滿高度，
圖為發酵好的
狀態。

烤焙
▼

／蓋上烤焙布。

／蓋上烤盤，
連同烤盤入
爐烤焙。

裝飾
▼

／出爐脫模，
趁熱刷上檸
檬糖漿。

／冷卻後表
面刷上杏
桃果膠。

／最後裝飾上咖
啡豆。

／蓋上圓圈
紙模型，
灑上防潮
糖粉。

／左上角放
上糖漬檸
檬片。

艷陽之下香草鳳梨

同樣是為了2011年Mondial du Pain設計的布里歐產品，初衷是希望能將台灣的高品質農產品帶給國外師傅品嘗，做一場麵包文化的交流，因此想表現出台灣人的熱情，利用了歐洲人熟悉的香草來燉煮不同品種的鳳梨，同時具備了酸味與香氣，在出爐後裝飾上薄荷葉與紅胡椒粒，薄荷葉會在一入口就帶來清晰感，而紅胡椒是在濃郁的香草鳳梨味道之間，爆發出小宇宙般的瞬間氣味，十足的讓味蕾不斷躍動，是有趣且具玩心的產品。

| 成分 Ingredients |

材料	%
布里歐麵糰	45
布里歐麵糰	10
香草鳳梨	55
鳳梨奶油	8
裝飾	
新鮮薄荷葉	適量
紅胡椒粒	適量
香草鳳梨糖漿	適量
杏桃果膠	適量

| 作法 Methods |

整形	10g麵糰桿成扁圓形，鋪在烤模底部。 45g麵糰桿成長方形，頂端擠上鳳梨奶油，冷藏10分。 均勻鋪上香草鳳梨，尾端留1cm刷上水，麵糰捲起，冷凍10分。 平均切成6等分，排在烤模內。
最後發酵	28度最後發酵80分。
烤焙	烤前刷蛋汁，蓋上烤焙布及烤盤。 烤焙240／220，10分後拿掉烤盤及烤焙布，再烤5分至金黃色。
裝飾	出爐後脫模，在餡料部分刷入香草鳳梨糖漿。 冷卻後刷上果膠，裝飾新鮮薄荷葉及紅胡椒粒。

整 形

1 ╱布里歐麵糰
分割10g與
65g，冷藏後
收口捏起，沾
上麵粉。

2 ╱將10g麵
糰桿開成
圓形。

3 ╱鋪在布里歐
烤模內。

4 ╱將65g麵糰
桿開成長
方形。

5 ╱麵糰頂端擠上
鳳梨奶油。

6 ╱平均鋪上大量
的香草鳳梨。

7 ╱將麵糰連同
鳳梨捲起。

8 ╱麵糰捲起成
長條狀。

9 ╱平均切成6
等分。

10 ╱切開後的麵糰切
面，香草鳳梨以
螺旋狀平均分布
在麵糰內。

最後發酵
▼

11 ╱麵糰等分放入烤模中，進行最後發酵80分鐘，圖為發酵好的狀態。

烤焙
▼

12 ╱麵糰表面刷上蛋汁，入爐烤焙。

裝飾
▼

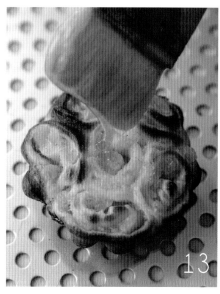

13 ╱出爐脫模，趁熱淋入香草鳳梨糖漿。

14 ╱冷卻後表面刷上杏桃果膠。

15 ╱放上新鮮薄荷葉。

16 ╱最後裝飾上紅胡椒粒。

可頌

| 成分 Ingredients |

材料	%
中種	
日清傳奇高粉	50
歐克岩鹽	0.5
新鮮酵母	2
鮮奶	12
水	20

主麵糰	
日清百合花法國粉	30
日清TERROIR PUR法國粉	20
和田上白糖	10
歐克岩鹽	1.4
新鮮酵母	3.2
鮮奶	13
水	10
Eromalt麥芽精	0.5
Lescure無鹽奶油	5
法國老麵	10
Lescure片狀奶油	55
合計	242.6

我認為，可頌的靈魂是奶油，因為烤過之後就不見，但奶油氣味會存在可頌的每個氣孔之內；而可頌的軀體是麵糰，麵糰構成了可頌口感的關鍵，無法做出輕盈狀態的可頌就會導致咀嚼時的油膩感，因此目標是外層酥脆內層輕柔，拿起時必須是非常沒有重量的手感。

製作可頌，奶油的選擇為首要目標。本書使用法國夏朗德產區AOP認證的Lescure奶油，能讓可頌具有輕盈持久的風味；麵糰使用隔夜冷藏中種發酵，再攪拌成主麵糰冷藏發酵隔夜，經過兩天的發酵，才進入包油摺疊的製程，因此能創造出有著發酵香氣與良好膨脹力道的麵糰，以達到輕盈的目標。

| 作法 Methods |

麵種製作	中種麵糰攪拌，麵粉，鹽，鮮奶，水，酵母，慢速4分，快速1分。 攪拌完成溫度25度。基本發酵2小時，放入冷藏15小時。
攪拌	麵糰攪拌，粉類，糖，鹽，鮮奶，水，麥芽精，奶油，法國老麵，中種，酵母，慢速6分。 攪拌完成溫度24度。
大分割，基本發酵	麵糰分割1860g，滾圓，基本發酵30分。 麵糰壓平成四方形，中間稍薄，放入塑膠袋，冷藏15小時。
包油摺疊	麵糰包油，法式包油法，2：3X3：4比例包油。 摺疊：四折2次與三折2次，再對折1次，每次折疊中間冷凍鬆弛30分。
分割	麵糰延壓至0.28cm，切成底9cmX高20cm等腰三角形。
整形	鬆弛15分，整形捲成可頌型。
最後發酵	28度發酵箱最後發酵90分。
烤焙	烤前刷蛋汁。烤焙240／180，烤12分。

The Next Generation Of European Bread

麵種製作

攪拌

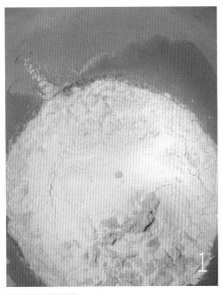

/中種麵糰攪
拌,慢速4分
鐘,轉快速1
分鐘。

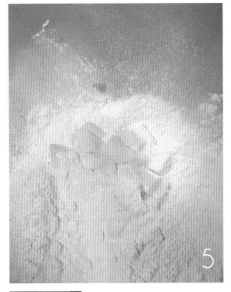

/主麵糰攪拌,
將粉類材料與
奶油放入攪拌
缸內,進行慢
速攪拌。

/中種攪拌完成狀
態,表面質地粗
糙,攪拌完成溫
度25度。

/室溫發酵2小
時,進入冷藏冰
箱15小時低溫發
酵,圖為發酵好
的狀態。

/中種發酵完成,
麵筋組織形成網
狀結構,有濃郁
發酵氣味。

/攪拌至奶油
與粉呈現粗
砂狀態。

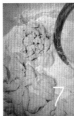

/加入剩餘材
料,中種麵
糰撕成小塊
加入,慢速
攪拌6分鐘。

/攪拌完成狀
態,沒有麵
筋膜形成,
表面呈現粗
糙感。

306

大分割，基本發酵

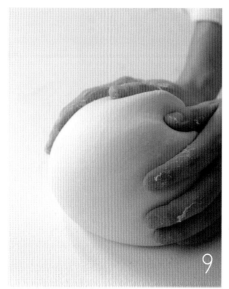

／攪拌完成溫度24度，將麵糰大分割成1860g，進行大滾圓作業。

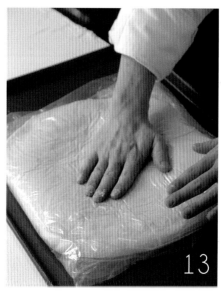

／用塑膠袋確實包覆麵糰防止乾燥，進入冷藏冰箱15小時低溫發酵。

／麵糰滾圓完成，進行發酵30分鐘。

／麵糰發酵好的狀態，明顯膨脹變大。

／將麵糰拍扁壓平。

／發酵完成的麵糰，有發酵膨脹的充氣感。

／將550g奶油整理成完整的方形。

／麵糰壓出一致厚度，稍微丈量奶油擺放的位置。

17 ／放上奶油，麵糰與奶油的長寬比例為：奶油2X3；麵糰3X4。

23 ／麵糰接口處拉平對齊。

18 ／使用法式包油法，將奶油包入麵糰當中。

21 ／注意小心的壓在0.5cm以上厚度，進行折疊。

24 ／麵糰接口處用桿麵棍桿平，並將整片麵糰的氣泡桿出。

27 ／鬆弛完成進行第2次四折作業，圖為四折2次完成的麵糰側面。

19 ／將麵糰接口處壓平，留意奶油與麵糰軟硬度是否接近。

22 ／以四折方式進行摺疊作業，圖為四折的前半部分對折。

25 ／四折的後半部分對折，完成後即為第1次的四折作業。

28 ／四折2次後，冷凍鬆弛30分鐘，將麵糰壓開至0.28公分厚度。

20 ／開始延壓麵糰，每次壓麵機刻度進位小於5cm，以免過度擠壓油層。

26 ／摺疊完成用桿麵棍固定四邊麵糰，蓋上塑膠袋進行冷凍鬆弛30分鐘。

分割 ▼

/ 量出公分數之
後,進行麵糰
的分割作業。

/ 麵糰切成底
9cmX高20cm
的等腰三角
形,切好後
冷藏鬆弛15
分鐘。

整形 ▼

/ 麵糰整形,將
麵糰底部確實
捲起,輕輕出
力讓底部麵糰
壓的較薄。

/ 麵糰捲到中
間部分後,
幾乎不出任
何力量的將
麵糰平推。

/ 麵糰捲好
後,固定尖
端位置。

／整形完成麵
糰排列於烤
盤上，進行
最後發酵90
分鐘。

34

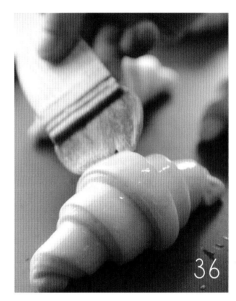

／麵糰表面刷
上蛋汁，入
爐烤焙。

36

／發酵完成的
麵糰狀態，
側邊層次部
分出現細小
裂口。

35

可頌麵糰　三折2次對折方式

1

／可頌麵糰包油壓開至
0.5cm以上的厚度。

2

／麵糰平均成二等分，左右
兩邊麵糰向內摺疊。

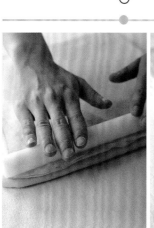

3

／摺疊完成用桿麵棍固定
四邊，進行冷凍鬆弛30
分鐘。

4

／三折完的麵糰側面，鬆
弛後進行第2次的三折作
業，再鬆弛30分鐘。

5

／三折2次後的麵糰，壓至
1cm厚度，開始對摺作業。

6

／將麵糰對折，注意四邊確
實對齊摺疊。

巧克力可頌

| 成分Ingredients |

材料	%
可頌麵糰	70
法國Patis巧克力棒	2根
梅原糖漬柚子丁	5

| 作法Methods |

整形	麵糰延壓厚度0.3cm，切成15X8.5cm長方形。 包入巧克力棒與糖漬柚子丁。 麵糰表面用刀片割7刀。
最後發酵	最後發酵90分。
烤焙	烤前刷蛋汁。 烤焙230／180，烤13分。

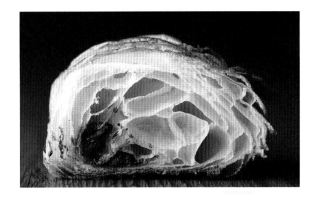

分割，整形

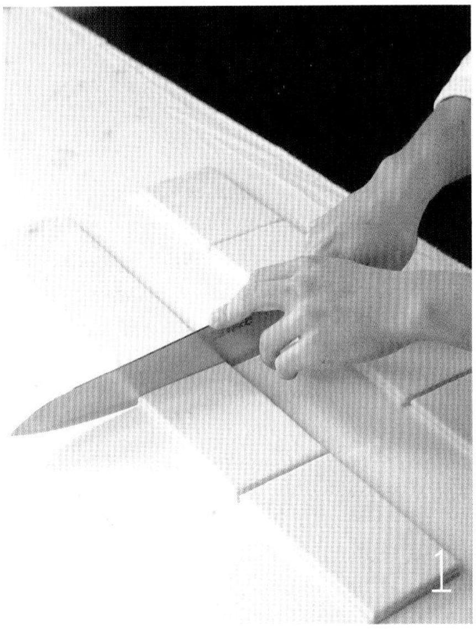

／將四折2次的可頌麵糰壓至0.3cm厚，切成8.5X15cm長方形。

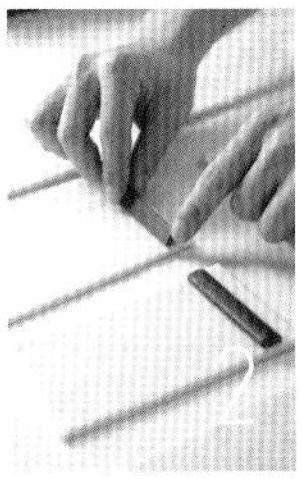

／在底端放上巧克力棒。

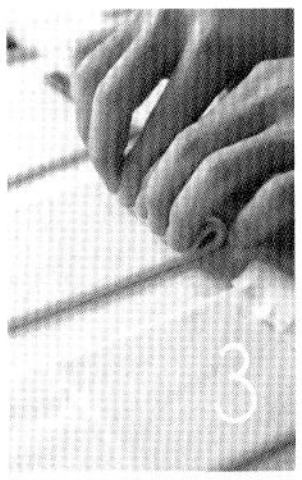

／將麵糰捲起包住巧克力棒，將收口壓平。

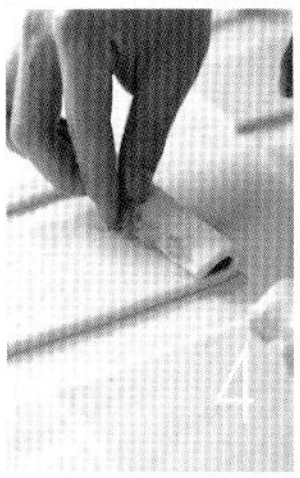

／收口處放上糖漬柚子皮丁。

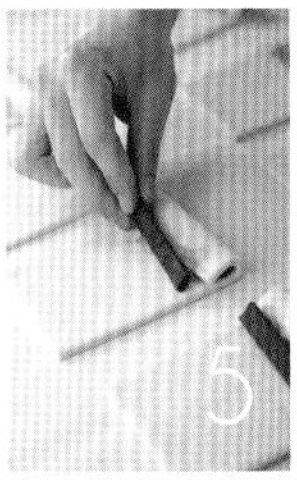

／放上第2條巧克力棒。

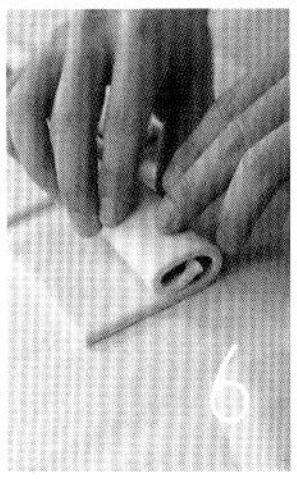

／將麵糰順勢捲起。

最後發酵

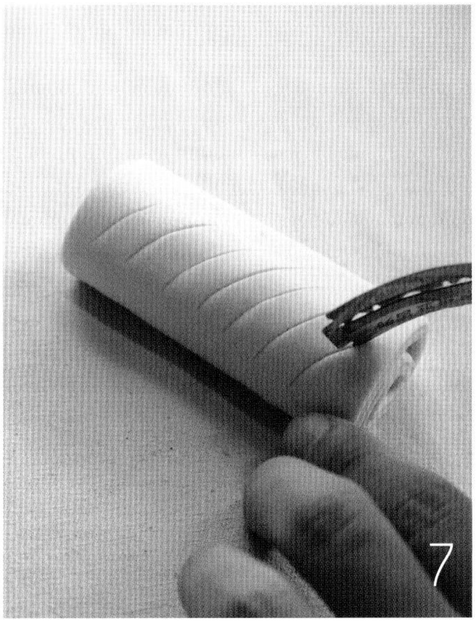

／用刀片在麵糰表面斜劃7刀，進行最後發酵90分鐘。

烤焙

▼

8

／發酵完成的麵糰刷上蛋汁，入爐烤焙。

焦糖榛果可頌

| 成分Ingredients |

材料	%
可頌麵糰	70
法國Patis巧克力棒	1根
焦糖榛果條	20
梅原糖漬柳橙皮丁	5

| 作法Methods |

分割·整形	麵糰延壓厚度0.3cm，切成15X8.5cm長方形。 包入巧克力棒與焦糖榛果條。
最後發酵	最後發酵90分。
烤焙	烤前刷蛋汁。 表面貼上杏仁片。 烤焙230／180，烤13分。

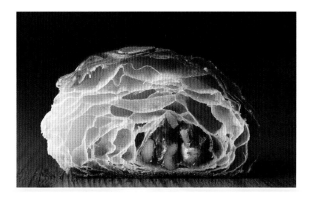

分割，整形
▼

1 ／將四折2次的可頌麵糰壓至0.3cm厚，切成8.5X15cm長方形。

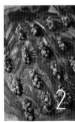

2 ／取出冷藏狀態的焦糖榛果。

5 ／放上糖漬柳橙皮丁。

3 ／在底端放上焦糖榛果。

4 ／擺上巧克力棒。

最後發酵
▼

6 ／將麵糰包覆材料，並順勢捲起，進行最後發酵90分鐘。

烤焙

▼

7

／發酵完成的麵糰，表面刷上蛋汁。

8

／表面壓上2片杏仁片，入爐烤焙。

戀愛的玫瑰與紅酒洋梨

同為2011年Mondial du Pain作品。在思考一個新的作品時，我總希望能先找到想表達的主題，無論是生活中的故事或某個抽象概念，這項產品則是抽象概念的傳達，希望表現出戀愛的味道。有別於一般人時常使用的酸甜滋味，我選擇了較成熟的紅酒洋梨，特別以法式料理或西點師傅的調味方式，在紅酒中加入八角與肉桂，並選擇新世界國家智利的DE RULO Cabernet Sauvignon醃漬洋梨，若使用其他品種的葡萄酒，顏色無法達到理想的深紫紅色，味道也會偏淡，這樣濃郁醇熟的味道只有Cabernet Sauvignon能完整表現。在出爐後刷上加熱濃縮過的紅酒糖液和玫瑰糖漿，做出具有層次的味道順序，希望品嘗時可以帶出戀愛中最美好的感受。

| 成分 Ingredients |

材料	%		裝飾	
可頌麵糰	40		紅酒糖液	5
紅酒洋梨	40		玫瑰花釀	5
香草克林姆	15		八角	1粒
			杏桃果膠	適量
			乾燥玫瑰花瓣	少許
			防潮糖粉	適量

| 作法 Methods |

分割‧整形	可頌麵糰延壓至0.45cm厚，切出葉子形狀。
最後發酵	最後發酵80分。
烤焙	烤前刷蛋汁，中間填餡部分用手指壓出凹槽，擠上香草克林姆，放上切片紅酒洋梨。 烤焙230／180，烤13分。
裝飾	出爐後立刻刷上紅酒洋梨糖液。 冷卻後刷上玫瑰花釀與果膠。 裝飾防潮糖粉，乾燥玫瑰花瓣，八角。

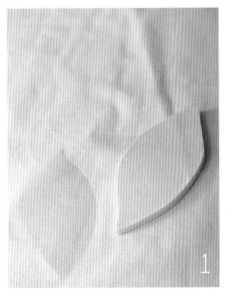

╱ 將三折2次再對折的可頌麵糰壓至0.45cm厚，照著模型切出葉子形狀。

1

╱ 用手指在麵糰中間壓出凹槽，進行最後發酵80分鐘。

╱ 切割好的麵糰排列於烤盤上。

2

╱ 發酵完成的麵糰側邊層次會出現少許裂口。

4

烤焙

5 ／麵糰表面刷上
蛋引

6 ／用手指再次
壓出凹槽。

9 ／紅酒洋梨以
堆疊方式擺
放至看不到
克林姆餡，
入爐烤焙。

7 ／擠上香草克
林姆餡。

10 ／烤焙完成出爐
的麵糰狀態。

8 ／擺放上紅
酒洋梨。

裝飾

11 ／趁熱淋入醃
漬完洋梨的
紅酒糖漿

12 ／冷卻後刷入
玫瑰花釀。

15 ／沒有灑糖粉的
部分沾上乾燥
玫瑰花瓣。

13 ／餡料部分
與麵包上
緣刷上杏
桃果膠。

16 ／最後在洋梨
餡頂部裝飾
上八角。

14 ／麵包側邊上
緣的一半部
分灑上防潮
糖粉。

台灣農人地瓜可頌

這是一個向農夫致敬的產品，也是2007年參加國際技能競賽的產品。使用台農57號黃金與66號紅心地瓜，只以烤箱烤熟地瓜，並用少許奶油增添化口性，如此簡單的調味，就是希望能完全呈現地瓜濃郁風味和帶有纖維質地的口感。造型上做出台灣的外型，地瓜餡捏出山脈的樣式，出爐後用少量肉桂粉提味，是屬於台灣的特色產品。

| 成分Ingredients | | 作法Methods | |

材料	%
可頌麵糰	80
地瓜餡	100

裝飾	
杏桃果膠	適量
Gaban肉桂粉	適量

分割，整形	可頌麵糰延壓至0.45cm厚，切出台灣形狀。
最後發酵	最後發酵80分。
烤焙	刷蛋汁，用手壓出擠餡部分。 烤焙230／180，烤13分。
裝飾	出爐後中間餡料部分灑上少許肉桂粉，周圍刷上果膠。

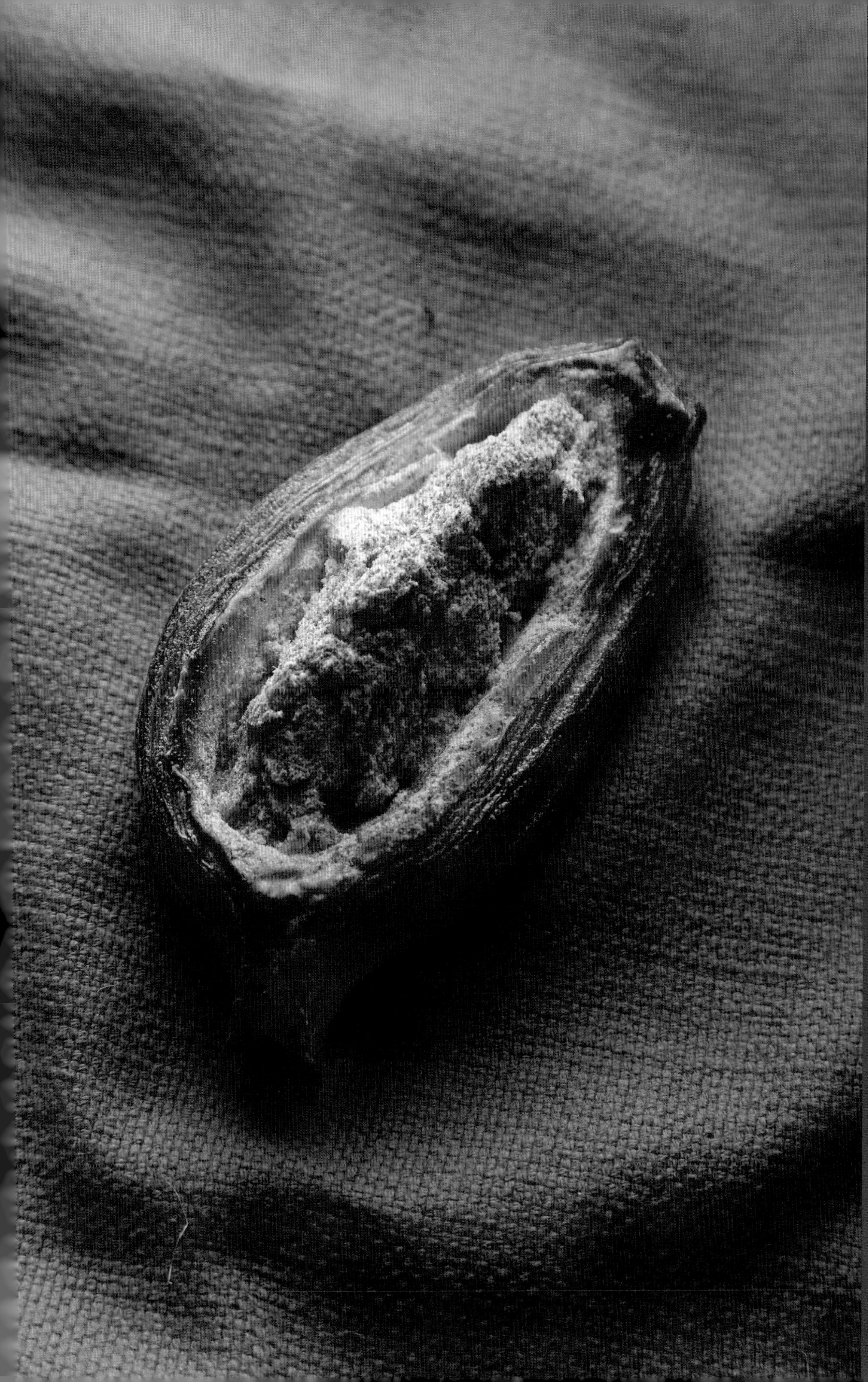

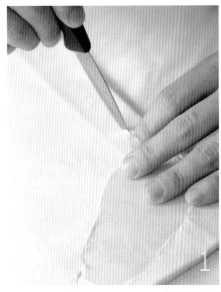

／將三折2次再
對折的可頌麵
糰壓至0.45cm
厚，放上台灣
造形塑膠模。

1

／照著塑膠
模切割出
台灣形狀
的麵糰。

2

／切割好的麵
糰排列於烤
盤上。

3

／用手指在麵
糰中間壓出
凹槽。

4

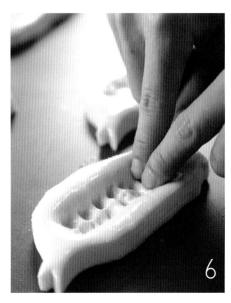

／最後發酵80
分鐘後，刷上
蛋汁，再次壓
出凹槽。

6

／用叉子在凹槽
處戳洞，以固
定麵糰發酵好
的形狀。

5

烤焙
▼

裝飾
▼

7 ／擺上地瓜餡，
入爐烤焙。

8 ／出爐冷卻，
灑上一層防
潮糖粉，再
灑上少量肉
桂粉。

潘娜朵妮

材料	%		主麵糰	
中種			昭和霓紅高粉	35
日清傳奇高粉	100		日清百合花法國粉	15
水	50		含糖優格	27
歐克岩鹽	1		柳丁蜂蜜	5
和田上白糖	6.3		歐克岩鹽	0.5
Lescure無鹽奶油	25		和田上白糖	30
SAF LV1	0.5		蛋黃	27
			Lescure無鹽奶油	45
			馬達加斯加波本香草籽	0.15
			紅酒漬葡萄乾	70
			梅原糖漬柳橙皮丁	18
			合計	455.45

潘娜朵妮是義大利傳統的水果麵包,每年接近聖誕節時可以很容易的買到,據說是一位叫做Tone的麵包師傅不小心將水果乾打翻進攪拌中的麵糰(由來有很多種版本,這是最常聽到的),因此東尼(Tone)的麵包(Pane)成了潘娜朵妮Panettone名字的由來。潘娜朵妮最吸引人的就是大量的葡萄乾與柳橙皮丁(當初東尼打翻的就是這兩種水果乾),以及麵糰利用麵種經長時間發酵產生的濃郁乳酸香氣,由於乳酸菌非常充足,除了味道令人沉醉外,潘娜朵妮可以放置保存比較久的時間,通常可以維持一整個冬天,隨時都有如此好吃的麵包。

作法Methods

麵種製作	中種麵糰攪拌,SAF LV1與水攪散均勻,麵粉與奶油攪散成砂狀,將所有材料攪拌慢速5分,快速1分攪拌完成溫度25度。 28度發酵箱發酵15小時。 中種發酵完成觸摸麵糰有塌陷狀態即可使用。
攪拌	麵糰攪拌,液態材料與中種攪拌慢速3分,加入麵粉,岩鹽慢速2分,快速5分,加入上白糖,慢速2分,快速1分,分兩次加入奶油,慢速3分快速3分,攪拌完成9.5分筋。 攪拌完成加入香草籽拌勻,加入葡萄乾與柳橙皮丁拌勻,麵糰溫度25度。

基本發酵	基本發酵90分。
分割‧整形	分割340g,整形滾圓,放入潘納多妮紙烤模。
最後發酵	28度發酵箱最後發酵約3小時。
烤焙	烤前刀片劃出十字,從十字列口處拉開麵糰黏至邊緣。 烤焙170/180,入爐後2分鐘噴大量蒸氣,烤約35分。 出爐後底部插上竹籤,倒扣放涼。

／製作中種，
將LV1天然酵
母粉與水攪
散溶解。
1

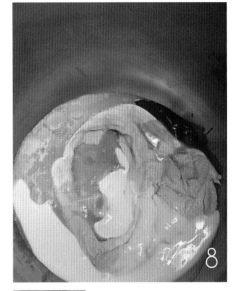

／蛋黃、優格、蜂
蜜與中種放入攪
拌缸內，開始慢
速攪拌。
8

／攪拌缸內
放入麵
粉、糖、
鹽與奶
油，慢速
攪拌。
2

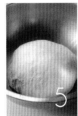

／中種攪拌完成
狀態，表面質
地粗糙。
5

／攪拌至呈現泥
巴狀態，加入
麵粉與鹽。
9

／攪拌至奶油
與粉呈現粗
砂狀態。
3

／中種滾圓，
蓋上保鮮膜
封住，28度
溫度發酵15
小時。
6

／慢速攪拌2分
鐘，轉快速5
分鐘，麵糰開
始具有彈性。
10

／將酵母水
加入，慢
速攪拌5分
鐘，轉快
速1分鐘。
4

／中種發酵完成
狀態，具有強
烈濃郁乳酸發
酵氣味。
7

／麵糰能拉出
較粗糙的麵
筋膜。
11

基本發酵

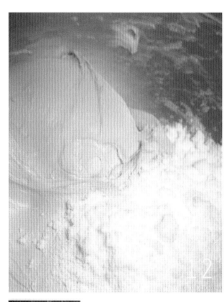

/加入上白糖，
慢速攪拌2分
鐘，轉快速1
分鐘。

/攪拌完成溫度
25度，將麵
糰整理成圓滑
狀態進行發酵
90分鐘。

/表面明顯光滑
後，分2次加
入奶油，慢速
3分鐘，轉快
速3分鐘。

/麵糰最終狀
態，能拉出透
指紋的細緻麵
筋薄膜。

/加入香草
籽、葡萄乾
及柳橙皮
丁，慢速攪
拌均勻。

/發酵完成狀
態，麵糰明顯
膨脹起來。

／麵糰分割
340g，以切
麵刀輔助，將
麵糰確實滾圓
收緊。

18

／滾圓完成，將
麵糰放入潘娜
朵妮烘焙紙杯
模內。

19

／排列於烤盤
上，進行最後
發酵約3小時。

20

／麵糰發酵完
成的狀態，
高度約紙模
的8.5分滿。

21

烤焙
▼

／用刀片在麵糰表面劃上十字紋路。

／將四邊拉開至烤模邊緣，入爐烤
焙，2分鐘後噴大量蒸氣。

／出爐後底部插上竹籤，倒扣放涼冷卻。

餡料

香草克林姆

| 成分 Ingredients |

材料	%
全脂鮮奶	100
砂糖	23
蛋黃	16
日清紫羅蘭低粉	4
玉米粉	4
Lescure無鹽奶油	4
馬達加斯加波本香草莢	1條
合計	151

／將砂糖加入蛋黃內，打散攪拌均勻。

／加入過篩後的麵粉及玉米粉。

／將牛奶煮至沸騰。

／牛奶在沸騰狀態，慢慢沖入蛋黃糊，並一邊攪拌。

3　　　　4　　　　5　　　　6

／蛋黃麵糊攪拌均勻至沒有顆粒。

／將香草莢切半。

／用刀背刮出山香草籽。

／將香草籽連同香草莢外皮一起放到牛奶當中。

9　　　　10　　　　11　　　　12

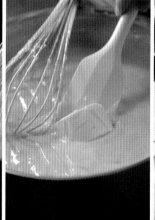

／繼續加熱攪拌至濃稠狀態，約80度，可清楚看見打蛋器劃過的紋路。

／加入奶油，攪拌均勻。

／將克林姆餡倒在烤盤上，均勻鋪開。

／蓋上保鮮薄防止表面結皮，冰入冷藏保存。

咖啡克林姆

| 成分 Ingredients |

材料	%
香草克林姆	200
雀巢金牌即溶咖啡粉	8

1	2	3	4
╱將咖啡粉倒入煮好的香草克林姆餡當中。	╱開始用刮刀攪拌。	╱咖啡粉會在攪拌過程中慢慢的溶解。	╱攪拌至均勻，沒有咖啡粉粒的狀態。

香草鳳梨

| 成分Ingredients |

材料	%
金鑽鳳梨	500
土鳳梨	500
砂糖	250
馬達加斯加波本香草莢	1條

1

2

／切丁鳳梨與砂糖和刮出籽
的香草莢，一起放入鍋中
加熱。

／加熱煮至沸騰，轉小火持
續沸騰，圖為煮約30分鐘
後的狀態。

3　　　4　　　5　　　6

／加熱約40分鐘，糖漿泡泡
不易破裂的濃稠狀，將鳳
梨瀝出。

／香草鳳梨的糖漿要確實
瀝乾。

／燉煮好的鳳梨表面能附著
許多香草籽，香氣濃郁。

／冷卻後的鳳梨切碎，冷藏
備用。

鳳梨奶油

| **成分** Ingredients |

材料	%
Lescure無鹽奶油	100
香草鳳梨糖漿	10

/將奶油回溫，拌成膏狀。

/加入熬煮香草鳳梨剩餘的糖漿，攪拌均勻即可。

地瓜餡

| 成分 Ingredients |

材料	%
台農57號黃金地瓜	500
台農66號紅心地瓜	500
Lescure無鹽奶油	50

／將兩種地瓜平均放在烤盤上，以上下火各200度烤約1小時。　／將烤熟的地瓜撥開，取出地瓜肉。　／趁地瓜尚未冷卻前，加入奶油。　／將兩種地瓜肉與奶油攪拌均勻。

紅酒洋梨

| 成分 Ingredients |

材料	%
切半小洋梨	1000
Chile DE RULO Cabernet Sauvignon	750
砂糖	300
八角	4粒
肉桂條	1條

1　　　2　　　3　　　4

／將紅酒倒入鍋中開始加熱　／倒入砂糖攪散，持續加熱　／加入八角與肉桂棒調味　／紅酒煮至沸騰
　　　　　　　　　　　　　　　　　　　　　　　　　並持續加熱。

5　　　6　　　7　　　8

／紅酒在沸騰狀態，加入切　／洋梨加入後，繼續加熱到　／稍微冷卻後，表面蓋上厚　／冷藏一晚之後，洋梨呈現
　半小洋梨。　　　　　　　　再次沸騰。　　　　　　　　的擦手紙，讓頂端洋梨也　　漂亮的紫色，即完成紅酒
　　　　　　　　　　　　　　　　　　　　　　　　　浸泡到紅酒。　　　　　　　洋梨的醃漬。

焦糖榛果條

| 成分Ingredients |

材料	%
榛果粒	350
核桃	150
砂糖	200
中澤鮮奶油	100

1

╱將砂糖置於鍋中加熱。

2

╱砂糖煮至呈現琥珀色澤。

3

╱倒入回到室溫後的鮮奶油，快速攪拌均勻，出現牛奶糖的香氣。

4

╱倒進混合後的榛果與核桃，攪拌均勻，讓堅果被焦糖包覆。

5

╱趁熱將榛果條捏成條狀，手可沾水防黏。

6

╱蓋上塑膠袋，進入冷藏冰箱備用。

檸檬糖漿

| 成分Ingredients |

材料	%
砂糖	120
水	100
檸檬汁	50
Absolut檸檬伏特加	20

<table>
<tr><td>1</td><td>2</td><td>3</td><td>4</td></tr>
<tr><td>／砂糖與水放入鍋中。</td><td>／煮至沸騰狀態。</td><td>／關火，加入檸檬汁攪拌均勻。</td><td>／稍微冷卻後，加入檸檬伏特加酒攪拌均勻。</td></tr>
</table>

糖漬檸檬片

| 成分Ingredients |

材料	%
砂糖	150
水	125
檸檬片	50

1
／砂糖與水放入鍋中。

2
／煮至沸騰狀態。

3
／放入檸檬片。

4
／以小火持續煮10分鐘，冷卻後進入冷藏冰箱一晚。

5
／將檸檬片排列於烤盤上。

6
／放在使用完畢的烤箱爐門邊，收乾1小時，切成1／4備用。

油漬番茄

| 成分Ingredients |

材料	%
聖女小番茄	1000
砂糖	適量
特級初榨橄欖油	適量

1　　2　　3　　4

／將聖女番茄切半，用砂糖
　及橄欖油調味，砂糖量可
　依照番茄酸度調整。

／糖與橄欖油跟番茄混拌均
　勻，靜置1小時後，鋪平
　在烤盤上。

／利用烤焙結束之後的烤
　箱餘溫，將番茄至於爐
　內不關爐門慢慢收乾。

／經過一個晚上的時間，即
　完成了半乾油漬番茄。

Appendix

附錄

特別感謝

原料提供／

苗林行

日清麵粉、昭和麵粉、鮮奶與鮮奶油等乳製品、各式水果乾與糖漬果皮、各式堅果、L' OPERA巧克力、SAF酵母、新鮮蔬果、台灣產蜂蜜、各式糖類、鹽類、酒類，以及其他本書所使用的所有原料。

台灣原貿

LESCURE藍絲可奶油、含糖優格。

德麥食品

Grands Moulins de Paris T55、Campaillette des Champs T65。

全國食材廣場

法國蜂蜜、乾燥花卉、玉米碎、巴沙米可醋膏、花釀。

京原企業

Woerle快樂牛乳酪、Arla Buko奶油乳酪、Zanetti Padano起司。

場地提供／

苗林實業BREAD LABO

拍攝協助／

苗林實業、鄭旭夆、黃筱恬、馮俞容、林恒康

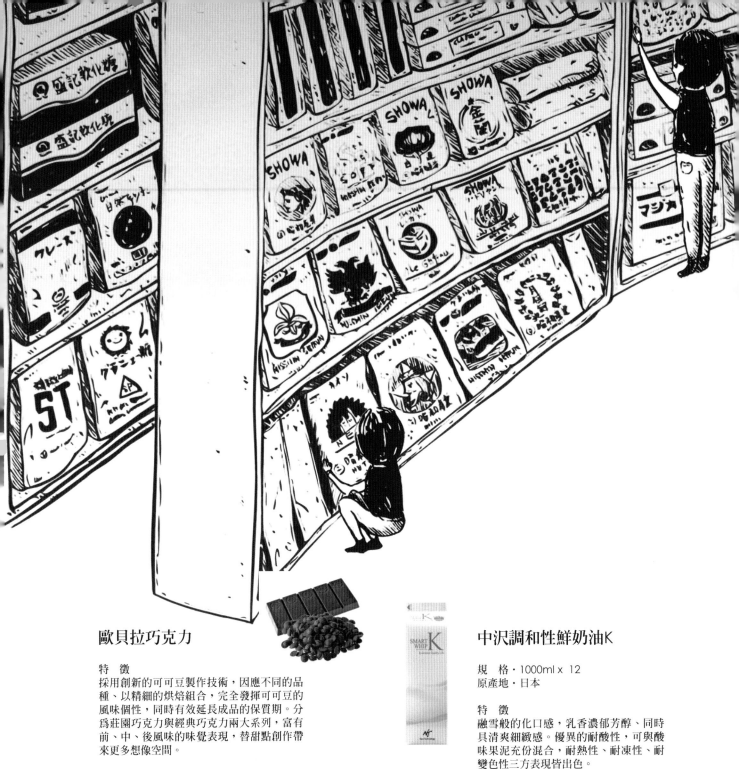

歐貝拉巧克力

特　徵
採用創新的可可豆製作技術,因應不同的品
種、以精細的烘焙組合,完全發揮可可豆的
風味個性,同時有效延長成品的保質期。分
為莊園巧克力與經典巧克力兩大系列,富有
前、中、後風味的味覺表現,替甜點創作帶
來更多想像空間。

中沢調和性鮮奶油K

規　格・1000ml x 12
原產地・日本

特　徵
融雪般的化口感,乳香濃郁芳醇、同時
具清爽細緻感。優異的耐酸性,可與酸
味果泥充份混合,耐熱性、耐凍性、耐
變色性三方表現皆出色。

Since 1964

苗林行

專業烘焙原料

苗林實業有限公司
台北市內湖區瑞光路513巷26號8樓之2
TEL+ 02-6589848
FAX+ 02-26589849

苗林實業有限公司
苗栗市復興路一段488-1號
TEL+ 037-321131
FAX+ 037-364687

烘焙業領航者

品｜質｜嚴｜選
提供
安全美味的
烘焙原物料

昭和先峰特高筋粉

規　格‧25kg
原產地‧日本

|蛋白質14.0% 灰分0.42%|

特　徵
蛋白質含量高，麵筋的延展性好，麵團的烤焙彈性好、體積較大，可展現較好的風味。

昭和CDC法國麵包專用粉

規　格‧25kg
原產地‧日本

|蛋白質11.3% 灰分0.42%|

特　徵
麵團延展性、烤焙彈性及操作性均佳，可使穀物自然的香味得以呈現，成品表皮薄脆、斷口性佳，咀嚼後回甘是其特色。

昭和霓虹‧吐司專用粉

規　格‧25kg
原產地‧日本

|蛋白質11.9% 灰分0.38%|

特　徵
蛋白質性質良好的高級麵包用粉，成品組織細緻、顏色良好、化口性佳，適用於吐司及甜麵包。

昭和高級蛋糕粉

規　格‧25kg
原產地‧日本

|蛋白質8.0% 灰分0.35%|

特　徵
成品具有如同海綿般的彈性、良好的化口性及迷人的風味。適用於戚風、常溫蛋糕及餅乾。

日清山茶花強力粉

規　格‧25kg
原產地‧日本

|蛋白質11.8% 灰分0.37%|

特　徵
日清最具代表性的麵包用粉，用途廣泛、機械耐性良好，常用於帶蓋吐司、餐包及甜麵包，成品帶有淡淡的奶香。

日清百合花法國粉

規　格‧25kg
原產地‧日本

|蛋白質10.7% 灰分0.45%|

特　徵
重視小麥風味及香味的法國麵包專用粉，尤其經過長時間發酵後，更可表現出風味的豐富性。

Since 1964

苗林行
專業烘焙原料

苗林實業有限公司
台北市內湖區瑞光路513巷26號8樓之2
TEL+ 02-6589848
FAX+ 02-26589849

2013

bread|LAB

www.miaolin.com.tw

日籍大師講堂共同學習

台 | 日

兩地烘焙資訊
即時分享烘焙原物料

定期邀請日本烘焙大師來台示範，最新技術即時分享

麵包實作系列課程設計，推動回歸正軌的烘焙好觀念

單一物料主題講習，深入淺出、烘焙應用更靈活上手

台灣烘焙原料
之優良品牌

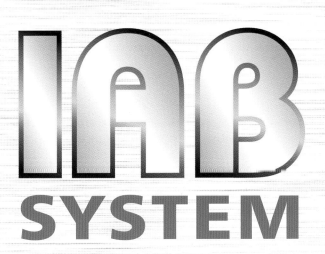

全國食材廣場

你要的食材 一次購足
~Healthy for you~

在忙碌的生活中體會下廚的美妙，從食譜的研究到採買食材，只需要優雅的推著手推車，漫步在全國食材廣場中，新時代有新體驗，全國食材廣場提供優質的商品，透明的價格，做餐飲生意從食材到器材一次準備到位!

【烹調美食 盡在全國】

位於桃園市區，座落於大有路上的"全國食材廣場"，黃紅相間的巨型招牌鮮明搶眼，十分大器，佔地千坪，備有停車場!

走進全國食材一探究竟，裡頭陳列了各式食材及器品，種類繁多；食品原料、南北雜貨、素食食材、烘焙原料、沖調食品、餐飲器具、免洗餐具、休閒零食、低溫食材、保健食品...，觸目可見的是分類得宜、排列整齊的各式商品，置身其中，彷彿有進入魔幻食材森林的錯覺。這裡有市面少見的食材器具，應有盡有的食材商品，令人目不暇給，仔細觀察不難發現，這裡的商品可是大容量的喔！量大價低，更能回饋消費者，光用看的就覺得很過癮，讓您邊逛邊看、邊看邊挑，就像在挖寶一樣，喜歡烹飪烘焙的朋友，一定會喜歡上到這邊shopping的感覺!

全國食材已有近30年的歷史了，第三代的簡老闆表示，從阿公那一代開始做雜貨行起家，在父親接手後，經營食品盤商、南北貨等食材才奠定了基礎。隨著時代潮流變遷，跳脫出傳統市場及各式食材的相異性，將全國食材廣場整合成新形態的原料專業賣場，以整齊清潔的陳列方式，擁有會員制度，可集紅利點數回饋，附設廚藝教室，聘請名師授課，讓全國食材不只是購物，更是能讓您手藝可以學習成長的好地方。

全國食材廣場是"社區的好鄰居，生意人的好麻吉!"提供顧客輕鬆購物，優質的商品、實在透明的價格、以及貼心的服務，讓您"一次購足，歡喜滿意"!

地址：桃園縣桃園市大有路85號
電話：(03)3339985/(03)3316508
門市每日營業時間：9:00-21:30
http://www.cross-country.com.tw

f 全國食材廣場粉絲團　邦 全國廚藝教室部落格

歐式麵包的下個世代

The Next Generation Of European Bread

── 極致風味的理論與實務 ──

好飲貪食 2

作　　者　武子靖
攝　　影　陳熙倫
設　　計　比利張
企劃執編　譚聿芯

發行人兼
出版總監　譚聿芯
出　　版　質人文化創意事業有限公司
　　　　　電話：（02）2934-3655
　　　　　地址：台北市文山區羅斯福路五段101號6樓
　　　　　Facebook：www.facebook.com/aura.artiste
　　　　　E-mail：aura.artiste@gmail.com

發　　行　聯合發行股份有限公司
　　　　　地址：231 新北市新店區寶橋路235巷6弄6號2樓
　　　　　電話：（02）2917-8022　傳真：（02）2915-6275

印　　製　鴻霖印刷傳媒股份有限公司
　　　　　地址：235 新北市中和區中山路二段366巷10號6樓
　　　　　電話：（02）8245-3358　傳真：（02）2246-6162

初版一刷　2014年11月 Printed in Taiwan
初版四刷　2015年7月
定　　價　NT.680
ISBN　　　978-986-91124-1-3

國家圖書館出版品預行編目(CIP)資料

歐式麵包的下個世代：極致風味的理論與實務 /
武子靖著. -- 初版. -- 臺北市：質人文化創意
出版：新北市：聯合發行, 2014.11
面；　公分. --（好飲貪食；2）
ISBN 978-986-91124-1-3(平裝)
1.點心食譜 2.麵包
427.16　　　　　　　　　　　　103021381